Der Ausgleich des Gebirgsdruckes in großen Teufen beim Berg- und Tunnelbau

Von

Dr.-Ing. Kurt Lenk

Mit 39 Textabbildungen

Berlin
Verlag von Julius Springer
1931

ISBN-13:978-3-642-90033-4   e-ISBN-13:978-3-642-91890-2
DOI: 10.1007/978-3-642-91890-2

Vorwort.

Die Beurteilung des Gebirgsdruckes in großen Teufen gewinnt in
der Gegenwart mehr und mehr an Interesse. Dies kommt zum Teil
durch die Verwendung wissenschaftlicher Methoden, welche eine zutref-
fende Beschreibung des beim Auffahren eines Hohlraumes auftretenden Spannungszustandes ermöglichen, zum Teil liegt die Ursache in
dem Zwang zu wirtschaftlicher Ausgestaltung des Ausbaues unter
Wahrung der durch die Unfallgesetzgebung vorgeschriebenen Sicherheit. Mit der Arbeit soll keine endgültige Lösung des Problems ge-
boten werden. Sie stellt vielmehr einen Versuch dar, auf Grund der
vorhandenen Erfahrung mit den wissenschaftlichen Methoden der
Elastizitätstheorie die Entwicklung zu fördern.

Die vorliegende Arbeit verdankt ihre Entstehung meiner beruflichen
Tätigkeit in der Firma Wayss & Freytag A.-G. Sie erfuhr viele An-
regungen durch Herrn Prof. Dr.-Ing. K. W. Mautner und wurde
während ihrer Durchführung durch Herrn Prof. Dr.-Ing. K. Beyer
in wertvollster Weise gefördert. Es ist mir eine angenehme Pflicht,
beiden Herren an dieser Stelle meinen Dank auszusprechen.

Weiterhin danke ich der Verlagsbuchhandlung Julius Springer,
Berlin, für die sorgfältige und umsichtige Drucklegung.

Frankfurt a. M., November 1930.

Kurt Lenk.

Inhaltsverzeichnis.

Einleitung 1

I. Der Kräfteausgleich im Gebirge 1
   a) Bekannte Methoden für die Abschätzung des Gebirgsdruckes 1
   b) Die Ursachen der Festigkeit des Gesteins 6
   c) Das Verhalten des Gebirges in der Nähe einer Störung 8
   d) Die Ursachen der Druckungleichförmigkeit im Gebirge 11
   e) Die Größenordnung der Radialbelastung 13

II. Der Kräfteausgleich in Tunnel- und Streckenausbauten 17
   a) Zweck der Ausbauten 17
   b) Ausführungsarten der Ausbauten 17
   c) Die formale Behandlung des Kräfteausgleichs 21
   d) Gleichgewichtsbedingungen 30
   e) Ungünstige Belastungsfälle 30
      1. Radialkräfte 31
      2. Tangentialkräfte 35
      3. Tangential- und Momentenbelastung 36
      4. Beziehungen zwischen den ungünstigen Lastfällen 38
   f) Der Einfluß des passiven Gebirgsdruckes 45

III. Gesichtspunkte für die Bemessung eines Ausbaues . . . 55

Einleitung.

Der Druckausgleich beim Auffahren eines Hohlraumes vollzieht sich im Gebirge und im Ausbau. Für die Ausbauten kommen geschlossene Profile aller Art in Frage. Ihre Form wird durch die beste Ausnützung des Baustoffes bestimmt. Daher sind Vielecke mit Rahmenwirkung auszuschließen, sofern sie nicht aus konstruktiven oder betrieblichen Gründen notwendig werden.

Der Ausbau eines Hohlraumes wird nach dem Minimum des Ausbruchquerschnittes und dem günstigsten Kräfteausgleich in Gebirge und Ausbau beurteilt. Beides wird in großen Teufen am besten durch das Kreisprofil erfüllt, das daher diesen Untersuchungen zugrundegelegt wird[1].

I. Der Kräfteausgleich im Gebirge.

a) Bekannte Methoden für die Abschätzung des Gebirgsdruckes.

Die älteren Methoden, welche den Gebirgsdruck zahlenmäßig anzugeben versuchen, stützen sich auf die klassische Erddrucktheorie. Hierbei wird angenommen, daß sich das gestörte Gebirge im wesentlichen selbst stützt und daher der Ausbau nur für die losgelöste Gebirgsschale über der Firste berechnet werden muß. Die hohen Anfangsdrücke beim Auffahren eines Hohlraumes werden also mit mehr oder weniger Erfolg der Bölzung zugewiesen. Die Form des wirksamen Gebirgskörpers wird parabolisch vorausgesetzt und der Parameter der Kurve aus der beobachteten Auflockerung bestimmt[2].

Andere Theorien beruhen auf der Reibung von trockenem Sand. Ph. Forchheimer[3] nimmt im sandigen Gebirge lotrechte Gleitlinien über einem Hohlraum an. An diesen werden bei einer Gleichgewichtsstörung Reibungskräfte wachgerufen. Die Resultierende der an dem bewegten Erdkörper angreifenden Kräfte wird für eine bestimmte Höhe

---

[1] Effenberger, K.: Über das Profil und die Berechnung von Druckstollen. Schweizer. Bauztg. **1923.**

[2] Kommerell, O.: Stat. Berechnung von Tunnelmauerwerk. Berlin 1912.

[3] Forchheimer, Ph.: Über Sanddruck und Bewegungserscheinungen im Inneren trockenen Sandes. Z. ö. J. u. A. V. **1882.**

zu einem Größtwert. Ph. Forchheimer beschränkt die Gültigkeit der Rechnung auf lockere Sandmassen.

Nach Modellversuchen F. Engessers[1], welche mit Streusand angestellt wurden, kann der Zusammenhang der Schüttung über einem Hohlraum durch die Kräftewirkung in parabolischen Gewölben beschrieben werden, deren Kämpferreaktionen mit der Waagrechten den Böschungswinkel einschließen. Der Grenzwert des Firstdruckes wird aus der Differenz des Eigengewichts der Schüttung im Scheitel und den Reibungskräften ermittelt, die als Funktion des Horizontalschubes der Gewölbe und der Erddruckziffer angesetzt sind. A. Bierbaumer[2] nimmt die Richtung einer gedachten Mittelkraftlinie am Kämpfer variabel an und bestimmt diese so, daß der Firstdruck ein Minimum wird.

Der Druck in den Ulmen kann in erster Annäherung aus der Bedingung ermittelt werden, daß in einem Horizontalschnitt die Auflast nach Herstellung des Hohlraumes ebenso groß wie im ungestörten Gebirge sein muß. Daher ist nach dem Hohlraum zu eine Drucksteigerung zu erwarten. Die Verteilung des Druckes wird durch die physikalischen Eigenschaften des Gebirges bestimmt.

Die Unsicherheit in diesen grundlegenden Annahmen, welche entweder durch ein Elastizitätsgesetz oder für den Grenzfall des Gleichgewichts durch Plastizitätsbedingungen beschrieben werden, führt zu den wiederholt beklagten einander widersprechenden Ergebnissen, zumal in der Regel mit ebenen Gleitflächen gerechnet wird.

A. Leon und F. Willheim[3] versuchen den Gebirgsdruck durch Modellversuche zu klären. Sie setzen das Gebirge als homogene Masse voraus und beobachten die Druckerscheinungen in gelochten Gesteinsplatten. Die Beurteilung des ebenen Problems kann jedoch leicht zu Trugschlüssen führen, da die ausgezeichneten Achsen nicht in den Querschnitt des Tunnels fallen müssen, die Ergebnisse der Untersuchung daher wohl wissenschaftliches Interesse besitzen mögen, aber zur Beschreibung des technischen Problems nicht genügen.

Fruchtbarer sind die Betrachtungen, die aus der Heimschen Gebirgsdrucklehre[4] entwickelt werden. Nach A. Heim wird in großen Teufen die Elastizitätsgrenze des Gesteins durch das Gewicht der überlagernden Massen überschritten, sodaß das Gebirge plastischen Charakter annimmt. Die Hypothese wird durch Versuche bestätigt, durch welche

---

[1] Engesser, F.: Über den Erddruck gegen innere Stützwände. Dtsch. Bauztg **1882**, 91.

[2] Bierbaumer, A.: Die Dimensionierung des Tunnelmauerwerkes. Leipzig 1923, S. 13.

[3] Leon, A., u. F. Willheim: Über die Zerstörung in tunnelartig gelochten Gesteinen. Österr. Wschr. Baudienst **1910**, 664.

[4] Heim, A.: Mechanismus der Gebirgsbildung. Basel 1878.

ein ausgesprochen sprödes Material unter allseitigem Druck in den plastischen Zustand übergeführt werden[1]. Die Beschreibung des Gebirgsdruckes wird damit zu einem Problem der Plastizitätstheorie und der Begriff der Festigkeit verliert für das Gebirge seine Berechtigung. Die für den Ausbau maßgebenden Drücke müßten nach der Heimschen Theorie bei Annahme plastischer Gebirgseigenschaften mit der Zeit sehr groß werden. Dies steht jedoch mit den Erfahrungen des Tunnelbaues in Widerspruch, deckt sich aber mit den Erscheinungen im Bergbau. Hier ist das Zuwachsen einer Strecke mehrfach beobachtet worden. Die Zerstörungen, die A. Heim für bestehende Tunnel vorausgesagt hat, sind indessen nicht eingetreten.

Daher trat E. Wiesmann[2] der Heimschen Auffassung entgegen, zumal auch das oft beobachtete Ausbleiben des Gebirgsdruckes von A. Heim nicht erklärt werden konnte. Der Unterschied der Auffassung bezieht sich jedoch nur auf Größe und Verteilung des Druckes an der Peripherie eines Hohlraumes. Hierbei wird von E. Wiesmann erstmals die Mitwirkung einer Schutzhülle für den Spannungsausgleich im Gebirge hervorgehoben. Die Spannungen werden in dieser dem Hohlraum benachbarten Gesteinszone abgemindert. Die Tunnelauskleidung hat daher nicht mehr den Gebirgsdruck auszugleichen, sondern lediglich die Schutzhülle zu erhalten.

Eine neue Arbeit von H. Schmid[3] sucht die statische Seite des Problems zu klären. Sie gewährt tiefere Einblicke in den Formänderungs- und Spannungszustand des Gebirges, wenn auch aus Mangel an brauchbaren Materialkonstanten keine in der Praxis verwertbaren Ergebnisse erhalten werden. Das Gebirge wird grundsätzlich elastisch angenommen. Anfangsspannungen aus der Gebirgsbildung werden als lokale Störungen vernachlässigt. Der auf einen spannungslosen Zustand bezogene Unterschied in den Formänderungen des gestörten und ungestörten Gebirges tritt in den Vordergrund. Der Spannungszustand wird mit Hilfe der Airyschen Spannungsfunktion für einen homogenen elastischen isotropen Körper dargestellt, wobei das Hookesche Gesetz und ein kreisförmiger Hohlraum vorausgesetzt werden. Die Lösung schließt verschiedene Annahmen für die Querdehnung des Gebirges ein, sodaß Tunneleingangsstrecken, Lehnentunnel und Tiefentunnel unterschiedlich behandelt werden können. Auf die bekannten Grundlagen der Festigkeitslehre zur Kennzeichnung eines Stoffes, Elastizitätsmodul E und Poissonsche Konstante m wird nicht unmittelbar zurückgegriffen, da eine lineare

---

[1] Kármán, Th. v.: Festigkeitsversuche unter allseitigem Druck. F. A. H. 118.

[2] Wiesmann, E.: Ein Beitrag zur Frage der Gebirgs- und Gesteinsfestigkeit. Schweiz. Bauztg **53**, Nr 13.

[3] Schmid, H.: Statische Probleme des Tunnel- und Druckstollenbaues und ihre gegenseitigen Beziehungen. Berlin 1926.

Abhängigkeit zwischen Spannung und Dehnung nicht angenommen werden kann. Die Parameter E und m werden durch Differentialquotienten definiert, in der theoretischen Entwicklung allerdings als Konstante mit einem empirisch festzulegenden Mittelwert eines Spannungsintervalls verwendet. Den verschiedenen Möglichkeiten der Querdehnung wird durch den sogenannten „erweiterten linearen Spannungszustand" Rechnung getragen. Für die zahlenmäßige Rechnung ist die Arbeitskurve des Gesteins für freie und behinderte Querdehnung notwendig. Die Unsicherheit des Ergebnisses liegt in der Wahl der Konstanten, mit denen die Untersuchungen beschrieben sind. H. Schmid nimmt an, daß bei freier Querdehnung m mit zunehmender Dehnung langsamer abnimmt und bei der Bruchdehnung dem Wert 2 zustrebt. Der Elastizitätsmodul ist für den Bruchzustand nicht bekannt. Bei Ausschluß einer Querdehnung nähert sich E dem Wert ∞ und die Poissonsche Konstante wird annähernd gleich 2. Aus diesen Ansätzen kann die Beschaffenheit des Gebirges in der Nähe der Störung beurteilt werden.

Das ungestörte Gebirge erfährt im allgemeinen Druckspannungen. Dies darf auch in einiger Entfernung vom Störungszentrum angenommen werden. In der Nähe des Hohlraumes treten Zugspannungen auf, die mit ihrem größten Betrag am Rand des Hohlraumes, und zwar in Firste und Sohle liegen. Die Schmidsche Lösung schreibt als Bedingung für das Auftreten von Zug einen Wert der Poissonschen Konstante des Gebirges vor, der größer als 4 ist. Ist m kleiner als 4, so erhalten auch Scheitel und Sohle nur Druck. Der Zugkörper erhält nach der Rechnung parabolische Form, welche die bisherigen Annahmen für die Belastung der Firste eines Ausbaues durch einen gelockerten Gebirgskörper bestätigt. Seine Höhe ist von der Teufe wenig abhängig, seine Basis an der Peripherie des Hohlraumes wird dagegen von m bestimmt, das als Funktion der Teufe angesetzt werden kann. Die Radialspannungen sind an der Hohlraumbegrenzung in Scheitel und Sohle Zugspannungen und wirken damit günstig auf die Festigkeit des Gesteins[1], da die tangentialen Spannungen hier ebenfalls Zugspannungen sind. An den Ulmen (Stößen) ist immer Druck vorhanden. Die Tangentialspannung kann hier unabhängig vom Ausbruchhalbmesser und direkt proportional der Teufe angenommen werden.

H. Schmid bezieht in den theoretischen Ansatz auch den Ausbau ein, setzt jedoch voraus, daß die Festigkeit des Gebirges nicht überschritten wird. Damit ist elastisch träges Gebirge oder rascher Einbau des Gewölbes Bedingung. Die Größe der Deformation des Gebirges während der Herstellung des Ausbaues wird geschätzt. Für die Gültig-

---

[1] Ritter, W.: Die Statik der Tunnelgewölbe. Berlin 1879.

keit der Rechnung ist erforderlich, daß der Ausbau satt an das Gebirge angeschlossen ist.

Die Betrachtungen besitzen weniger praktische als grundsätzliche Bedeutung. Die Rechnung zeigt, daß im Gewölbering fast die gleichen Randspannungen auftreten wie im Gebirge am unverkleideten Hohlraum. Geringe Abweichungen sind durch die Verschiedenheit des Elastizitätsmoduls von Gestein und Baustoff des Ausbaues begründet. Die Tangentialspannungen des Gebirges werden durch die Auskleidung zwar verringert, nehmen dagegen im Gewölbe oft noch höhere Werte an als am unverkleideten Hohlraum im Gebirge. Die an der Begrenzung des ohne Ausbau stehenden Hohlraumes auftretenden Radialspannungen werden nahezu in vollem Betrage bei Auskleidung des Hohlraumes in das Gewölbe eingetragen. Die Anstrengung der innersten Gebirgszone wird hierdurch günstiger. Je stärker das Gewölbe und je größer der Elastizitätsmodul des Baustoffes gegenüber dem des Gebirges ist, um so mehr ist der Ausbau befähigt, die Spannungsstörungen des Gebirges zu begrenzen. Bemerkenswert ist die Schlußfolgerung, daß das Verhältnis der Elastizitätszahlen für die Intensität der Ausbaubelastung maßgebend ist, während der Gleichförmigkeitsgrad des Druckes durch die Poissonsche Konstante bestimmt wird. Wird der Gewölbebaustoff durch E und m, das Gebirge durch E' und m' beschrieben, so ergibt sich für vollen zunächst nicht abgeminderten Deformationsdruck:

$$\frac{E}{E'} = 0 \text{ Kraftverteilung des unausgekleideten Hohlraumes,}$$

$$\frac{E}{E'} = \infty \text{ Spannungen des ungestörten Gebirges.}$$

$m' = 2$ gleichförmiger Druck,

$m' = \infty$ größte Ungleichförmigkeit des Druckes.

Die größte Druckungleichförmigkeit wird durch Kräfte hervorgerufen, die an dem Gewölbe tangential angreifen. Hierdurch kann im Scheitel neben der radialen eine tangentiale Zugspannung entstehen.

Nach diesen Darlegungen sind die Ausbauten nicht befähigt, dem reinen Deformationsdruck zu widerstehen, wenn der Baustoff nicht eine größere Festigkeit als das Gebirge aufweist. Da dieser sich in der Regel, besonders im spröden Gebirge, vor Herstellung des Ausbaues ausgeglichen haben wird, ist es auch nicht erforderlich, die Querschnittsbemessung nach ihm vorzunehmen. Vielmehr sind hierfür sekundäre Kraftwirkungen maßgebend, die aus dem unter Umständen lange andauernden Umbildungsprozeß des Gebirges herrühren, für welche die Schmidsche Theorie keine Lösung gibt.

Die Untersuchung der Grenzfälle mit verschiedenen Annahmen für E' und m' gibt immerhin einen Begriff vom Wesen des Gebirgsdruckes.

Das ruhende Gebirge wird in der Nähe einer Störung allmählich plastisch. Diese Zone geht an der Peripherie des Hohlraumes in eine andere über, in der das Gefüge des Gesteins gelockert oder zerstört ist. Kann das Gestein unter den gegebenen Druckverhältnissen nicht plastisch werden, so geht es unmittelbar aus dem Ruhezustand zu Bruch. Die Zerstörung schreitet fort, bis irgendein Widerstand das Gebirge in gewisser Entfernung vom Hohlraum vor Bruch schützt. Diese Betrachtungen decken sich mit den Erörterungen von E. Wiesmann.

b) Die Ursachen der Festigkeit des Gesteins.

Der Ausgleich des Gebirgsdruckes ist wesentlich bestimmt durch die vorhandene Festigkeit des Gebirges, für die eine Beschreibung im Sinne der Mechanik vorläufig fehlt. Die bekannten technischen Bruchhypothesen[1] mit Hilfe des Spannungs- und Formänderungszustandes sind ungenügend. Vielleicht vermag die von F. C. Thompson[2] vertretene Auffassung über die Festigkeit der Werkstoffe einen Schritt vorwärts zu führen. Hiernach bestehen chemisch reine Metalle aus Kristallkörnern, die durch dünne Häutchen interkristallinen Zements getrennt sind. Dieser Zement hat die Eigenschaft einer unterkühlten Flüssigkeit und bestimmt die Festigkeit. Die Proportionalitätsgrenze wird als Funktion der Oberflächenspannung angesehen. Die Härte des Metalls hängt von der Härte der Kristallkörner ab. Auch Griffith[3] und A. Smekal[4] sehen die Ursache des Bruches in der Überwindung der Oberflächenspannung. Die ersten sichtbaren Risse beim Zug- und Druckversuch bedeuten daher das Maximum an potentieller Energie, das ein Körper aufzunehmen vermag, ehe die „technische Festigkeit" überschritten wird. Daraus geht hervor, daß in Fällen, in denen die Oberflächenspannung durch äußere Kräfte infolge Behinderung der Dehnung ersetzt wird, nicht mehr die technische, sondern die molekulare Festigkeit für die Beurteilung eines Körpers maßgebend wird. Nach Versuchen von Traube[5] beträgt die molekulare Festigkeit von Metallen das 50—500fache, nach Mitteilung von Griffith etwa das 100fache der technischen Festigkeit. Der große Unterschied der beiden Festig-

---

[1] Beyer, K.: Die Statik im Eisenbetonbau. Stuttgart 1927, S. 23. — Mohr, Otto: Abhandlungen aus dem Gebiete der technischen Mechanik, 3. Aufl. Herausgegeben von K. Beyer und H. Spangenberg. Berlin 1928, S. 203. — Föppl, A. u. L.: Drang und Zwang, Bd 1, S. 41. München u. Berlin 1920.

[2] Thompson, F. C.: The electric strength of materials, Faraday Soc. Transactions 11, S. 104—106, mitgeteilt von K. Terzaghi Erdbaumechanik, S. 107—108.

[3] Griffith: The Phenomena of Rupture and Flow in Solids. Phil. Trans. roy. Soc. London **1920**, A 221, 163—198.

[4] Smekal, A.: Festigkeit und Molekularkräfte. Z. ö. J. u. A. V. **1922**, 217, 219.

[5] Terzaghi, K.: Erdbaumechanik auf bodenphysikalischer Grundlage. Leipzig u. Wien 1925, S. 108—109.

keiten wird damit erklärt, daß die die technische Festigkeit bestimmende Oberflächenspannung durch Risse und Hohlräume infolge der Oberflächenbearbeitung und durch die beim Herstellungsprozeß unvermeidlichen Strukturstörungen ungünstig beeinflußt wird.

Von besonderer Bedeutung sind die Voraussetzungen, welche die Umbildungen eines spröden Materials in den plastischen Zustand herbeiführen. Sie können an den Versuchen studiert werden, welche W. Bader und A. Nádai[1] mit verdrillten Eisenstäben vorgenommen haben. Hierbei ergaben sich regelmäßig verlaufende Schichten ähnlich den Fließfiguren, in denen der Werkstoff stärker beansprucht wurde. Ihre Entstehung wird durch Einlagerungen und Einkerbungen an der Oberfläche begünstigt. Sie dürften durch Risse erklärt werden können, die sich im Hinblick auf die Umschließung des Werkstoffes nicht in einer Trennung in Teile auswirken, sondern eine Umkristallisation des Werkstoffes erzeugen. Die gleiche Erscheinung vermag u. U. die Festigkeitsminderung bei wiederholter Belastung[2] zu erklären, da der rasche Richtungswechsel des Tensors die Bildung von Fließzonen begünstigt.

Diese versuchstechnische Erkenntnis berechtigt dazu, das Gebirge als Kontinuum zu idealisieren, dessen kleinste Teile in Gruppen besonderer Struktur angeordnet sind. Sie sollen durch ein Medium verbunden sein, das Oberflächenspannung erzeugt. Die Verformung der Strukturgruppen (Kristallite) bedeutet Volumenänderung, ihre gegenseitige Verschiebung Gestaltänderung.

Ein spröder elastischer Körper reagiert bei einachsigem Zug mit Trennungsbruch, wobei die Kristallite an den Stellen größter Zugspannung getrennt werden, nachdem sie sich in der Kraftrichtung nach außen und senkrecht dazu nach innen verschoben haben. Dem Bruch geht eine Schubverformung voraus. Die durch Inhomogenität verminderte Oberflächenspannung wird unter Verformung der Kristallite überwunden.

Einachsiger Druck ist von der Querdehnung abhängig. Bei einer Behinderung einer seitlichen Ausdehnung des Materials werden die Kristallite senkrecht zur Druckrichtung nach außen auszuweichen suchen. Sie werden zerdrückt, wenn die Oberflächenspannung intermolekulare Zugkräfte aufnehmen kann. Andernfalls geht der Körper durch Überwindung der Oberflächenspannung zu Bruch. Bei verhinderter Querdehnung wird die Oberflächenspannung ausgeschaltet und die Kräfteauswirkung bedeutet nur eine Volumenänderung. Die Festigkeit beruht hier auf dem Strukturwiderstand (reine Druckfestigkeit).

---

[1] Bader, W., u. A. Nádai: Die Vorgänge nach Überschreitung der Fließgrenze. Z. V. d. I. **71**, Nr 10 (1927).

[2] Streletzkiy, N.: Zur Frage der Müdigkeit bei Brücken, deutsch von J. Oelschläger. Der Städt. Tiefbau **1928**. — Kunze, W.: Statische Grundlagen zum Schwingungsbruch. Z. V. d. I. **1928**, 1488.

Bei reiner Torsion verdrehen sich die Kristallite gegeneinander, ohne daß zunächst eine Volumenänderung notwendig ist und die Oberflächenspannung überschritten wird. Dies erklärt das Auftreten von Fließschichten in spröden Materialien.

Bei plastischen oder plastisch gewordenen Stoffen ist keine ausgeprägte Struktur vorhanden. Das Volumen bleibt konstant. Formänderungsarbeit wird nur zur Gestaltsänderung verwendet. Sie wird durch die Hauptschubspannungen geleistet. Daher kann bei plastischen Körpern die Energieaufnahme nur durch die Oberflächenspannung begründet werden.

Beim Druckversuch mit verhinderter Querdehnung übernehmen die Widerstände an den nicht gedrückten Seitenpaaren eines Elementes die Aufgabe der Oberflächenspannung. Die bei ungehinderter Querdehnung auftretenden, die Oberfläche beanspruchenden Kräfte werden durch äußere Kräfte ausgeglichen. Daher wird bei Belastungssteigerung die Struktur zerstört. Das Material wird schließlich in den plastischen Zustand übergeführt, wenn der Strukturwiderstand ganz überwunden und das Material inkompressibel geworden ist. Ein Stoff kann bei allseitiger Umschließung nicht brechen. Der Bruch tritt nur bei Dehnung durch Überschreiten der Oberflächenspannung auf. Bei verhinderter Querdehnung ist daher auch körniges Material zur Kraftaufnahme befähigt. Ideal plastische Stoffe sind, da sie amorphe Struktur haben, von Haus aus inkompressibel und nehmen bei allseitiger Umschließung jede Belastung ohne Formänderung auf. Unvollkommen plastische werden bei erhöhter Belastung in ideal plastische verwandelt.

Die Materialien lassen sich also nach ihrer Oberflächenspannung und ihrem Strukturwiderstand beurteilen. Dabei soll angenommen werden, daß die Zugfestigkeit von der Oberflächenspannung und die reine Druckfestigkeit vom Strukturwiderstand bestimmt werden. Die Gleitung hängt von der Art der Struktur ab. Da Oberflächenspannung und Strukturwiderstand noch nicht gemessen werden können, kann die Beschreibung eines Materials durch sie zunächst nur qualitativ erfolgen. Für die Rechnung muß allerdings wieder auf die Elastizitätszahlen als Materialkonstanten zurückgegriffen werden, die als komplexe Größen zu werten sind. Der Vorteil, der in der Beurteilung eines Materials nach Oberflächenspannung und Strukturwiderstand liegt, zeigt sich bei veränderlichen Querdehnungen, wie sie im Gebirge bei Störung des Gleichgewichts auftreten.

c) Das Verhalten des Gebirges in der Nähe einer Störung.

In der Umgebung eines aufgefahrenen Hohlraumes ergeben sich Umlagerungen des Gefüges, die in der Nachbarschaft des Störungszentrums ihr größtes Maß erreichen und im Gebirge allmählich abklingen.

Das ungestörte Gebirge kann sich je nach der Strukturbeanspruchung im elastischen oder plastischen Zustand befinden, sofern es nicht von Natur aus plastisch ist. Man unterscheidet den plastischen und den latent plastischen Zustand, bei dem nur eine reversible Strukturzertrümmerung eingetreten sein soll. Die Energie ist hier gebunden. Ein nahezu strukturlos plastisches Material kann schon in geringen Teufen, ebenso wie spröde Gesteine mit großem Strukturwiderstand erst in beträchtlichen Teufen, latent plastisch werden.

In der Zone geringer Dehnung wird die Oberflächenspannung im Gestein durch die Lockerung der Umschließung wirksam. Vor Eintritt des Bruches wirkt sich die freiwerdende Energie in Materialumbildung aus, welche derjenigen ähnlich sein mag, die von W. Bader und A. Nádai an verdrillten Eisenstäben beobachtet worden ist. Daher sollen in der Bruchzone Fließschichten als Folge von Schubspannungen vorausgesetzt werden, in denen der Stoff bildsam ist. Diese Schichten können sich allmählich über den ganzen Körper ausdehnen. Ist schließlich für die zum Bruch erforderliche Volumenvermehrung genügend Raum vorhanden, so wird das Material spröde. Die Oberfläche wird gespannt und reißt, da die zugeführte Energie zur Bildung neuer Oberflächen verzehrt wird. Der dem Bruch vorausgehende plastische Zustand erstreckt sich wahrscheinlich auf eine verhältnismäßig große Zone. Ihre Entstehung wird dadurch begünstigt, daß die Oberfläche des Hohlraumes im Verhältnis zum Gebirgskörper klein ist und die allseitige Umschließung durch die vorgelagerten druckausgleichenden Zonen besonders zur Geltung kommt. Die plastische Zone ist für den Kraftausgleich im Gebirge die wichtigste. Der Eigenschaft des festen Materials in den plastischen Zustand überzugehen verdankt man überhaupt die Möglichkeit, in großen Teufen bergmännisch zu arbeiten. Als Vergleich kann der Spannungs- und Formänderungszustand an Nietlöchern von Stahlbauten oder an Rahmenecken von Eisenbetonkonstruktionen herangezogen werden[1]. Die Poissonsche Zahl[2] nähert sich in der Ausgleichszone dem Wert 2.

In der folgenden Zone wird das Material zerstört[3], nachdem der Umschluß weit genug gelockert ist. Je nachdem die Oberflächenspannung überwunden wird oder nicht, bildet sich körniges oder bindiges Material. Spröde Gesteine mit großer Strukturenergie und geringer Oberflächenspannung zerfallen in körniges Material. Das Endprodukt ist im Idealfall Steinmehl. Der Strukturwiderstand und damit die

---

[1] Wyss, Th.: Die Kraftfelder in festen elastischen Körpern. Berlin 1926, S. 267.

[2] Plank, R.: Das Verhalten des Querkontraktionskoeffizienten des Eisens bis zu sehr großen Dehnungen. ZVdI. **1911**, S. 1479.

[3] Bulman: Colliery working and management 1925, nach Spackeler: Die sogenannte Druckwelle. Glückauf **1928**, 913.

reine Druckfestigkeit werden hierbei vergrößert. Weiche Gesteine mit geringer Strukturenergie und größerer Oberflächenspannung können ohne Rißbildung in bindiges Material übergehen. So können Tonschiefer und Kohlenflöze sehr plastisch werden, nachdem sie vorher die Eigenschaften spröder Gesteine hatten.

Besteht das Gebirge aus bindigem Material mit plastischen Eigenschaften, so kann nicht mehr von einem Bruch gesprochen werden. Eine Struktur ist nicht vorhanden. Das ungestörte Gebiet befindet sich im Zustand der Inkompressibilität, dem $E' = \infty$ und $m' = 2$ zukommt. Durch die nach dem Hohlraum zu wachsenden Dehnungen wird der Umschluß gelockert, so daß das Material fließen kann ($E' = 0$, $m' = 2$). Bei lehmigem oder tonigem luftfreiem Gebirge wird die Oberflächenspannung durch Kapillarwasser erzeugt. Sie verursacht einen Unterdruck in den Poren eines Bodens. Das Wasser wird aus den entfernteren Zonen in die gespannte Randzone geleitet, in der das Material quillt. Die Zonen, die das Wasser abgegeben haben, verdichten sich und erhalten hierdurch eine größere Tragfähigkeit[1]. Das Schwellen des bindigen Materials ist die analoge Erscheinung wie die Volumenvermehrung in der Bruchzone der spröden Gesteine.

Grundsätzlich liegt bei elastischem wie plastischem Material die gleiche Erscheinung vor. Zertrümmertes festes Gestein ist ohne einen Ausbau nicht standfähig, während plastische Materialien mit genügend großer Schwellzone durch die immer vorhandene Oberflächenspannung unter Umständen keinen Ausbau des Hohlraumes erforderlich machen. Wird angenommen, daß sich die geschilderten Vorgänge in konzentrischen Schalen um den Hohlraum abspielen, so müßte in gewisser Entfernung vom Ausbau ein gleichförmiger Druck auftreten, wenn sich die Plastizitätszone gebildet hat. Am Ausbau könnte der Druck nur infolge des Eigengewichtes des innerhalb des plastischen Ringes liegenden Gebirges ungleichförmig werden. Unter diesen Voraussetzungen kann es nicht aussichtslos sein, den Gebirgsdruck zahlenmäßig für verschiedene Lagen der Bruchzone anzugeben bzw. für einen gegebenen Ausbau ihre mögliche Lage festzustellen. Für das Störungsgebiet mit körnigem Material kann dies nach der klassischen Elastizitätstheorie und für ein plastisches Störungsgebiet mit Hilfe der Plastizitätsbedingungen[2] erfolgen.

Die Erfahrung zeigt jedoch, daß die auftretenden Druckungleichförmigkeiten nicht mit der Annahme konzentrischer Schalen gleicher Gebirgsbeschaffenheit erklärt werden können. Weiterhin treten im

---

[1] Terzaghi, K.: Erdbaumechanik auf bodenphysikalischer Grundlage. Leipzig u. Wien 1925, S. 215.

[2] Hencky, H.: Über einige statisch bestimmte Fälle des Gleichgewichts in plastischen Körpern. Z. angew. Math. u. Mech. **1923**, 241. — Prandtl, L.: Henckyscher Satz über das plastische Gleichgewicht. Z. angew. Math. u. Mech. **1923**, 401.

Gebirge noch mannigfache Störungen sekundärer Art auf, die nicht durch die Rechnung erfaßt werden. Daher sind die Ursachen zu erörtern, die eine Druckungleichförmigkeit hervorrufen können, welche den Ausbau am höchsten beanspruchen.

d) Die Ursachen der Druckungleichförmigkeit im Gebirge.

Ist der Zustand des ungestörten Kontinuums nicht latent plastisch, so ist beim Auffahren eines Hohlraumes die Ausbildung einer an der Bruchgrenze liegenden plastischen Zone und damit ein hydrostatischer Spannungszustand in diesem Bereich ungewiß. Selbst wenn er vorhanden ist, kann nicht mit einer zum Störungszentrum konzentrischen Lage der plastischen Zone gerechnet werden, so daß auch kurz nach dem Auffahren, wenn die Trümmerzone noch sehr klein ist, am Ausbau kein gleichmäßiger Druck auftreten wird. Dies geht aus den Erfahrungen in Bergbaugebieten hervor. Wie erwähnt ist u. U. ein geringer Umschließungsdruck nach Herstellung der erforderlichen Strukturfestigkeit in der Lage, das Gleichgewicht im Kontinuum herzustellen. Während hierzu in der Sohle bereits das Eigengewicht des Gebirges genügen kann, wird der Druck in

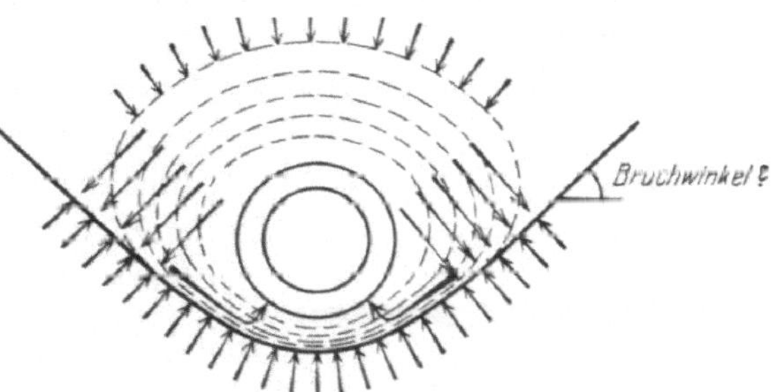

Abb. 1. Darstellung des Spannungszustandes des Gebirges bei kreisförmiger Störung.

der Firste nur durch einen stützenden Ausbau erzeugt. Die Zerstörung wird daher unter dem Ausbau nicht soweit um sich greifen als oberhalb. Eine unter einem Abbau aufgefahrene Strecke weist niemals die gleichen Druckmerkmale auf wie eine in derselben Entfernung im gleichen Gebirge darüberliegende. Selbst in Bergsenkungsgebieten mit Tagesbrüchen wird unter dem Strömungszentrum dieselbe Beobachtung gemacht. Dieser Tatsache widerspricht die Annahme einer nach allen Richtungen gleichgearteten Störung. Sie kann dagegen durch den in Abb. 1 dargestellten Spannungszustand erklärt werden. Auch andere Erscheinungen finden hierdurch ihre Erklärung. Man beobachtet im Tonschiefergebirge oft den Einsturz von Einbauten an den Stößen (Abb. 2a) und die Erhebung der Sohle in verhältnismäßig leicht verbauten Strecken mit geringem Firstdruck (Abb. 2b). Dabei kann das Gebirge in der Firste körnigen, dagegen in der Sohle plastischen Charakter besitzen. Die plastische im Bruchbereich liegende Zone muß daher über der Firste weiter als unter der Sohle vom Hohlraum entfernt sein. Der Spannungszustand in den der Firste vorgelagerten Zonen ist durch Tangentialspannungen ausgezeichnet, welche von dem plastischen Bereich zu beiden Seiten aufgenommen werden (Abb. 1). Der Druck wird allmählich zunehmen, sich in dem plastischen Bereich fortpflanzen und die dünne Schale des Gesteins in der Sohle zerstören,

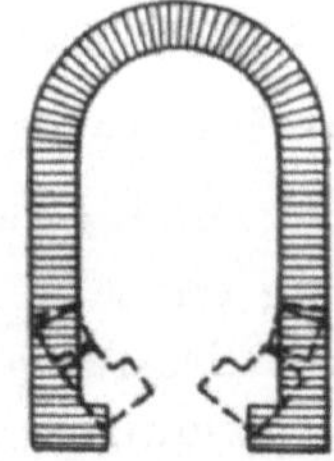

Abb. 2 a. Zerstörung eines Streckenausbaues an den Stößen.

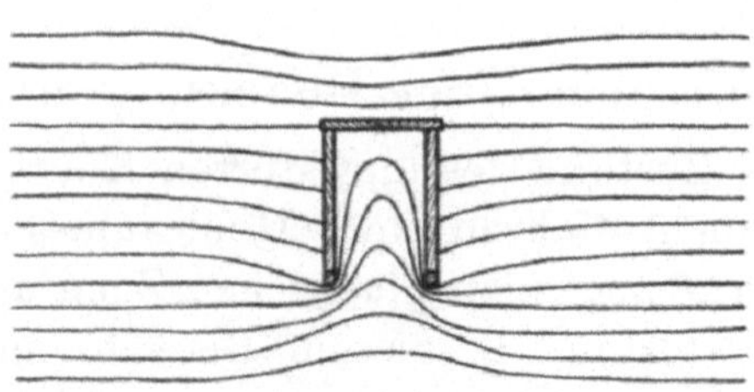

Abb. 2 b. Erhebung der Sohle in leicht verbauten Strecken.

so daß der Hohlraum zuwächst. Die Neigung der Gleitflächen steht in Beziehung zu dem Bruchwinkel, den die Theorie der Bergsenkung verwendet[1]. (Abb. 3.)

Die Druckungleichförmigkeit ist außerdem durch die inhomogene Beschaffenheit des Gebirges begründet. Die Gesteinsstruktur kann rasch wechseln. Namentlich im Sedimentgebirge grenzen oft Schichten mit ganz verschiedenen Eigenschaften aneinander. Der Unterschied wird am deutlichsten bei der Berührung von Tonschichten oder Kohlenflözen mit Schichten spröden Ge

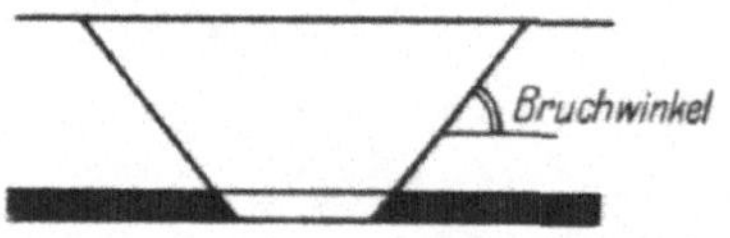

Abb. 3. Bruchwinkel des Senkungskörpers über einem Abbaufeld.

steins. Oft wird auch der Druck des Gebirges durch die Lagerung der Schichten ungleichförmig vor allem dann, wenn ein plastisches Band den Hohlraum nach Abb. 4 schneidet. In Bergbaugebieten tragen außerdem die Störungen durch benachbarte Baue dazu bei, Größe und Verteilung des Gebirgsdruckes zu ändern. Auch der Anschluß des Ausbaues an das Gebirge ist für die Druckverteilung von Bedeutung. Dies gilt ebenso für den Versatz fertig eingebauter Konstruktionen wie für einfaches Anmauern. Schließlich kommt die Abweichung des Ausbruches von der Kreisform hinzu, die nur unter großen Schwierigkeiten vermieden werden kann. Durch die ungleichartige Auf

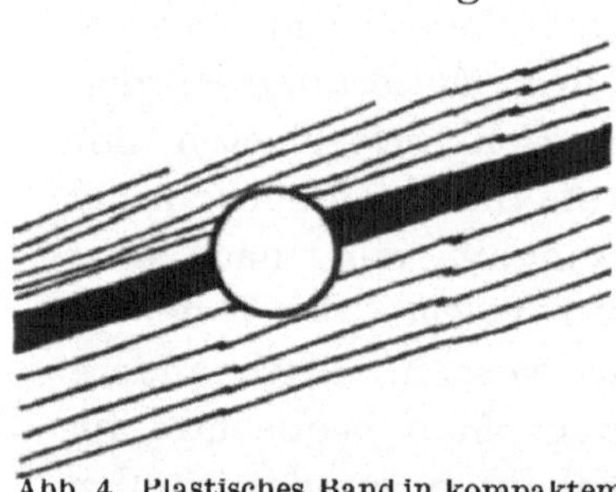

Abb. 4. Plastisches Band in kompaktem Gebirge in schräger Lagerung als Ursache der Druckungleichförmigkeit.

lockerung in Richtung der verschiedenen Strahlen ist auch eine ungleichförmige Druckverteilung bedingt.

---

[1] Mautner, K. W.: Zur Frage der Gebäudesicherungen im Bergbausenkungsgebiet. Bauing. 1920. — Goldreich: Die Theorie der Bodensenkungen in Kohlengebieten. — Kleinhorst: Bei Bodensenkungen auftretende Bodenverschiebungen und Bodenspannungen. Glückauf 1928, Nr 34.

Diese Ursachen verbunden mit thermischen Einflüssen entbehren jeder Gesetzmäßigkeit, so daß für keine aufzufahrende Strecke zahlenmäßige Schätzungen über Art und Größe des zu erwartenden Gebirgsdruckes gemacht werden können, welche zur wirtschaftlichen Ausnützung der Werkstoffe bei einem Tunnel- oder Streckenausbau nötig sind. Die ungünstigste Lastverteilung ist von grundsätzlicher Bedeutung für die Ausgestaltung eines Ausbaues. Hierbei soll die größte Ordinate des Gebirgsdruckes als bekannt vorausgesetzt werden. Sie kann durch Versuche und aus dem Vergleich mit ausgeführten Ausbauten gewonnen werden. Die folgende Betrachtung ermöglicht eine rohe Abschätzung.

e) Die Größenordnung der Radialbelastung.

Bei kompaktem Gebirge ergeben sich folgende Möglichkeiten, wenn von dem ohne Zugrisse erfolgenden Kraftausgleich abgesehen wird:

1. Druckgleichgewicht ohne Überschreitung der Druckfestigkeit k_d.
2. Druckgleichgewicht nach Überschreitung der Druckfestigkeit k_d.

Im ersten Fall sind Scheitel und Sohle gerissen. Der Ausbau hat das gelockerte Gebirge zu tragen und den Anfangsdruck abzugeben, der die Zugspannungen in den zulässigen Grenzen hält. Über Höhe und Umfangsbegrenzung des gezogenen Bereichs finden sich Angaben in dem Werk von H. Schmid[1].

Wird dagegen die Druckfestigkeit k_d des Gesteins überschritten, so kann das Gebirge bezüglich der Spannungsverteilung wie das durchlochte Blech beurteilt werden.

$$\sigma_r = p_h\left(1 - \frac{a^2}{r^2}\right) + \frac{p_v - p_h}{2}\left[1 - \frac{a^2}{r^2} + \left(1 - \frac{4\,a^2}{r^2} + \frac{3\,a^4}{r^4}\right)\cos 2\,\varphi\right]$$

$$\sigma_t = p_h\left(1 + \frac{a^2}{r^2}\right) + \frac{p_v - p_h}{2}\left[1 + \frac{a^2}{r^2} - \left(1 + \frac{3\,a^4}{r^4}\right)\cos 2\,\varphi\right] \qquad (1)$$

$$\tau = \frac{p_v - p_h}{2}\left(-1 - \frac{2\,a^2}{r^2} + \frac{3\,a^4}{r^4}\right)\sin 2\,\varphi.$$

Die äußeren Kräfte in größerer Entfernung vom Hohlraum sind die Spannungen des ungestörten Gebirges: in senkrechter Richtung $p_v = \gamma H$, in waagrechter Richtung $p_h = \alpha \gamma H$, worin γ das mittlere Raumgewicht der Überlagerung, H die Teufe und α einen Abminderungsfaktor bedeuten. Es ist derjenige dem Hohlraum am nächsten liegende Ort im Kontinuum zu suchen, an dem das Gestein die Tendenz zum Bruch hat, also mit k_d beansprucht ist. Die Bruchgefahr soll nach O. Mohr durch die Differenz der beiden Hauptspannungen bestimmt sein. Ihre Größtwerte liegen mit

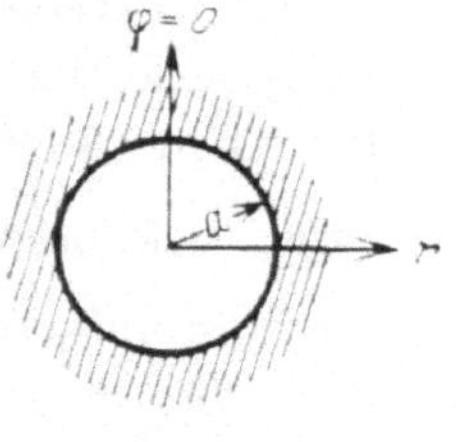

Abb. 5.

$$\tau = 0 \quad \text{bei } \varphi = \pm \frac{\pi}{2}, \quad \text{sodaß } \sigma_t - \sigma_r = k_d \text{ maßgebend ist. Inner-}$$

---

[1] Schmid, H.: a. a. O., S. 69.

halb der Bruchgrenze findet sich die plastische Zone vor, deren Spannung in einem ersten Rechnungsgang abgeschätzt werden soll. Der Ansatz (1) enthält nicht die Materialkonstanten, sondern nur das anzunehmende Verhältnis der Belastungen p_v und p_h. Der Spannungsverlauf soll stetig sein. Damit läßt sich die Stärke der physikalisch veränderten Zone, d. h. der Abstand r bzw. $\frac{r}{a}$ (Abb. 6) bestimmen, für den

$$\sigma_t - \sigma_r = k_d \text{ bei } \varphi = \pm \frac{\pi}{2}$$

ist. Damit liegt die kleinstmögliche Stärke der umgebildeten Zone fest, da der erforderliche Gegendruck im Bruchbereich im allgemeinen erst dann er-

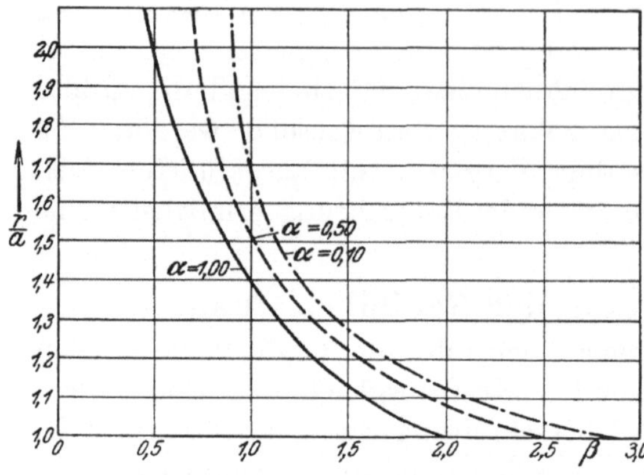

Abb. 6. Werte $\frac{r}{a}$ als Funktion von $\alpha = \dfrac{p_h}{p_v}$ und $\beta = \dfrac{k_d}{p_v}$.

reicht sein wird, wenn der Umbildungsprozeß weiter nach dem Gebirge zu fortgeschritten ist. Sie ist lediglich als Hilfswert anzusehen.

Aus (1) ergibt sich für $\varphi = \pm \dfrac{\pi}{2}$:

$$\sigma_t - \sigma_r = k_d = p_v - p_h - \left(\frac{a}{r}\right)^2 (p_v - 3 p_h) + 3 \left(\frac{a}{r}\right)^4 (p_v - p_h) \qquad (2)$$

oder mit $\beta = \dfrac{k_d}{p_v}$ und $\alpha = \dfrac{p_h}{p_v}$:

$$\beta = 1 - \alpha - \left(\frac{a}{r}\right)^2 (1 - 3\alpha) + 3 \left(\frac{a}{r}\right)^4 (1 - \alpha),$$

womit r errechnet werden kann. Ist die Druckfestigkeit k_d erst an der Peripherie des Hohlraumes erreicht, so wird die Differenz $\sigma_t - \sigma_r$ hier für einen gleichmäßigen Druck p_h zu $2 p_h$, für den in senkrechter Richtung wirkenden Druck $(p_v - p_h)$ bei $\varphi = \pm \dfrac{\pi}{2}$ zu $3 (p_v - p_h)$ und für die kombinierte Belastung zu $3 p_v - p_h$, sodaß $k_d < (3 p_v - p_h)$ das Kriterium für den zweiten Fall ist, wenn Druckgleichgewicht im Gebirge erst nach Überschreitung von k_d erreicht wird. Ist $\dfrac{r}{a}$ aus (2) errechnet, so kann die gesuchte radiale Belastung p' der gestörten Zone aus (1) ermittelt werden. Für einige Werte $\alpha = \dfrac{p_h}{p_v}$ ist in Abb. 6 $\dfrac{r}{a}$ als Funktion von β und in Abb. 7 $\sigma_r = p'$ in Abhängigkeit von $\dfrac{r}{a}$ dargestellt.

Um den den Ausbau belastenden Druck p^* zu schätzen, ist die Abminderung der Radialspannungen in der Trümmerzone zu beachten.

Das Gestein wird dort plastische Eigenschaften annehmen, wo die Druckfestigkeit ohne Rißbildung überschritten wird. Die Umwandlung geht nach der Theorie unter Volumenvermehrung vor sich, da die überschüssige Energie die Tendenz zur Bildung neuer Oberflächen hat. Der Prozeß kann sich jedoch nicht auswirken, weil sich die einzelnen Elemente bei ihrer Verschiebung gegen den Hohlraum aneinander reiben und verdichten. Wird dagegen in den einzelnen Zonen eine konstante Tangentialspannung als wahrscheinlich angenommen, dann

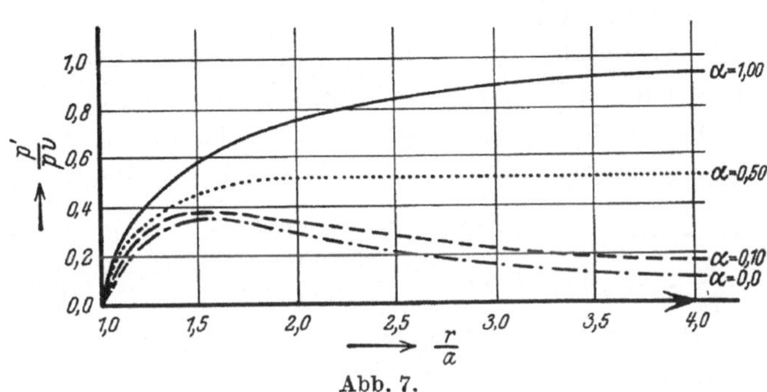

Abb. 7.

Die Belastung der Ausgleichszone $\dfrac{p'}{p_v}$ als Funktion von $\alpha = \dfrac{p_h}{p_v}$ und $\dfrac{r}{a}$.

ist die Tragfähigkeit der Zone durch das Verhältnis der beiden Hauptspannungen bestimmt und $\sigma_r = \dfrac{\sigma_t}{m-1}$. Dabei darf als sicher gelten, daß m nur wenig von 2 abweicht.

Die rechnerische Aufgabe besteht in der Ermittlung der inneren Randbelastung p^* eines Kreisrings, wenn die äußere Randbelastung p' gegeben und die Tangentialspannung am Innen- und Außenrand $p = (m-1)\,p'$ ist. Die Aufgabe wird als elastisches Problem behandelt.

Da die äußere Belastung p' wegen des Vorhandenseins der plastischen Zone im Bruchbereich gleichmäßig verteilt angesetzt wird, ist der Spannungszustand von φ unabhängig. Aus der Airyschen Spannungsfunktion[1]

$$F = c_0 + c_1 \lg r + c_2 r^2 + c_3 r^2 \lg r \tag{3}$$

lassen sich die Konstanten mit den Bedindungen:

$$\begin{aligned}
&\text{Innenrand} \quad r = a: &&\sigma_t = -p \\
&\text{Außenrand} \quad r = b: &&\sigma_t = -p &&\sigma_r = -p'
\end{aligned}$$

errechnen. Man erhält:

$$\sigma_r = -p + \frac{p'-p}{\left(\frac{b}{a}\right)^2 - 1 - 2\lg\frac{a}{b}}\left\{\left(\frac{b^2}{a^2}-1\right)\left(\lg\frac{r}{b}-1\right)+\left(1+\frac{b^2}{r^2}\right)\lg\frac{a}{b}\right\}. \tag{4}$$

Hieraus ergibt sich für $r = a$ der gesuchte Wert p^*:

$$p^* = -p + \frac{p'-p}{\frac{b^2}{a^2} - 1 - 2\lg\frac{a}{b}}\left\{\left(\frac{b^2}{a^2}-1\right)\left(\lg\frac{a}{b}-1\right)+\left(1+\frac{b^2}{a^2}\right)\lg\frac{a}{b}\right\}. \tag{5}$$

Für die zahlenmäßige Auswertung ist m und b anzunehmen. Die Rechnung könnte für mehrere Zonen mit verschiedenen m durchgeführt

---

[1] Föppl, A. u. L.: Drang und Zwang. München u. Berlin 1920, Bd 1, S. 303.

werden. Bei der Unsicherheit von m und der Unkenntnis des den Radius b bestimmenden zeitlichen Verlaufs des Störungsprozesses genügt es, m für die gesamte Trümmerzone konstant zu setzen, und lediglich die Rechnung für verschiedene Ringstärken vorzunehmen. Die endgültige Wahl von $p*$ muß dann immer noch nach vorhandenen Erfahrungen getroffen werden.

Ein Beispiel soll den Gang der Abschätzungsart erläutern. Eine in 800 m Teufe aufzufahrende Strecke liege in einem Gebirge, das durch $m = 11$ und $k_d = 3500\ \text{t/m}^2$ charakterisiert ist. Das Gewicht der Überlagerung sei $2{,}5\ \text{t/m}^2$. Es beträgt dann: der Vertikaldruck $p_v = 800 \cdot 2{,}5 = 2000\ \text{t/m}^2$ und der Horizontaldruck $p_h = \dfrac{2000}{11-1} = 200$, so daß $\alpha = \dfrac{p_h}{p_v} = 0{,}10$ und $\beta = \dfrac{k_d}{p_v} = \dfrac{3500}{2000} = 1{,}75$ wird. Da $k_d < (3\,p_v - p_h) = 5800$ ist, wird die Druckfestigkeit des Gebirges überschritten. Die Bruchgrenze r liegt nach Abb. 6 mindestens $1{,}2\,a$ vom Mittelpunkt entfernt. Aus (1) und nach Abb. 7 ergibt sich hierzu $p' = 0{,}25\,p_v$, somit eine Radialbelastung der Trümmerzone von

$$0{,}25 \cdot (2000) = 500\ \text{t/m}^2.$$

Die Abminderung dieser Spannung in der Trümmerzone wird mit $m = 2{,}2$ abgeschätzt, woraus sich die Tangentialspannung zu

$$p = (2{,}2 - 1)\,p' = 600\ \text{t/m}^2 \qquad \text{ergibt.}$$

Nach (5) wird für eine Ringbreite von $1{,}0\,m$ und $9{,}0\,m$ bei einem Radius der Strecke von $1{,}00\ \text{m}$:

$$a = 1{,}0\ \text{m}; \quad b = 2{,}0\ \text{m}$$
$$p* = -p + (p' - p)(-1{,}94)$$
$$\cong -410\ \text{t/m}^2$$

$$a = 1{,}0\ \text{m}; \quad b = 10{,}0\ \text{m}$$
$$p* = -p + (p' - p)(-5{,}40)$$
$$\cong -56\ \text{t/m}^2.$$

Geht die Trümmerzone nach Überschreitung der Gebirgsfestigkeit ohne Brucherscheinungen in bindiges Material über, so kann die Abschätzung der Drücke nach K. Terzaghi[1] vorgenommen werden. Diese Rechnung, die mit versuchsmäßig zu ermittelnden Materialkonstanten durchgeführt werden kann, gibt auch einen Anhalt über den zeitlichen Verlauf der Schwellung und über die Verminderung des Hohlraumdurchmessers. Der für die Ausbaubemessung zu wählende Druck $p*$ hängt sowohl bei körnigem wie bei bindigem Material von dem Zeitunterschied zwischen Auffahren und Ausbauen der Strecke, von der Nachgiebigkeit des Ausbaues und von einer etwa vorhandenen Versatzzone ab.

---

[1] Terzaghi, K.: a. a. O., S. 215ff.

II. Der Kräfteausgleich in Tunnel- und Streckenausbauten.

a) Zweck der Ausbauten.

Tunnel- und Streckenausbauten haben die Aufgabe, bergmännisch vorgetriebene Hohlräume zu sichern. Die Ausbauten sollen dasjenige Gebirge, welches den Druckausgleich selbst vorzunehmen in der Lage ist, vor Einflüssen schützen, die seine Festigkeitseigenschaften beeinträchtigen. Sie beruhen auf der Wirkung von Luft und Wasser, die physikalische und chemische Veränderungen hervorbringen können. In diesem Falle wird nicht von Tragwerken, sondern von Verkleidungen, die einen geringen Baustoffaufwand erfordern, gesprochen.

Die Bedeutung des Ausbaues tritt erst in einem Gebirge in Erscheinung, welches den Spannungsausgleich durch Veränderung seiner Beschaffenheit herbeiführt und dessen geringe Oberflächenspannung einen Gegendruck zur Herstellung des Kräfteausgleichs erfordert. Je früher der Ausbau wirkt, um so gleichmäßiger, aber auch um so größer, wird der Druck ausfallen. Um daher den Spannungsausgleich im wesentlichen dem Gebirge zuzuweisen und den Ausbau zu entlasten, wird im Bergbau mit nachgiebigen Tragwerken und Versatz gearbeitet. Ein Ausbau wird nur in seltenen Fällen in der Lage sein, die Deformationsdrücke und die sich aus dem Umbildungsprozeß des Gebirges ergebenden Kräfte voll aufzunehmen.

b) Ausführungsarten der Ausbauten.

Anwendungsgebiet und Wirtschaftlichkeit entscheiden unter sonst gleichen Vorbedingungen über die verschiedenen Ausbauarten. Die Kosten sollen bei gegebener Sicherheit eines Bauwerkes zum Kleinstwert werden. Daher wird der Tunnelbau, welcher dem öffentlichen Verkehr langfristig dient, schwerere Ausbauten verwenden als der Bergbau. Dieser behandelt wiederum die Ausrichtungsbaue, die für die Betriebsdauer eines ganzen Feldes erforderlich sind, anders als die Vorrichtungsbaue, welche nur für den Abbau bestimmter Partien notwendig sind. Der Sicherheitsgrad wird je nach der Zeitdauer der Verwendung der Strecken für Fahrung und Förderung eingestuft. Während im Tunnelbau Risse im Ausbau mit Rücksicht auf den dauernden Bestand nicht auftreten sollen, wird der Gebirgsdruck im Bergbau oft die Bruchfestigkeit der Baustoffe erschöpfen, ohne daß dagegen Bedenken erhoben werden. Daher gewährt gerade der Bergbau gute Einblicke in das Wesen des Gebirgsdruckes.

Für die Ausführung werden Holz, Eisen, Beton, Eisenbeton und Mauerwerk aus künstlichen und natürlichen Steinen verwendet. Soweit es sich nicht um Ausbauten im schwimmenden Gebirge handelt, wird für die kinematisch starren Systeme des Tunnelbaues Mauerwerk und Beton stets vorgezogen. Die aus Gründen der Wirtschaftlichkeit leichteren und elastischeren Ausbauten des Bergbaues werden mit allen angeführten Baustoffen ausgeführt. Nur Eisen scheidet aus Gründen der Wirtschaftlichkeit aus, sofern es nicht im Tübbingausbau zur Sicherung gegen Wassereinbrüche erforderlich wird. Ausbauten mit abstandsweise versetzten Ringen werden hier nicht behandelt.

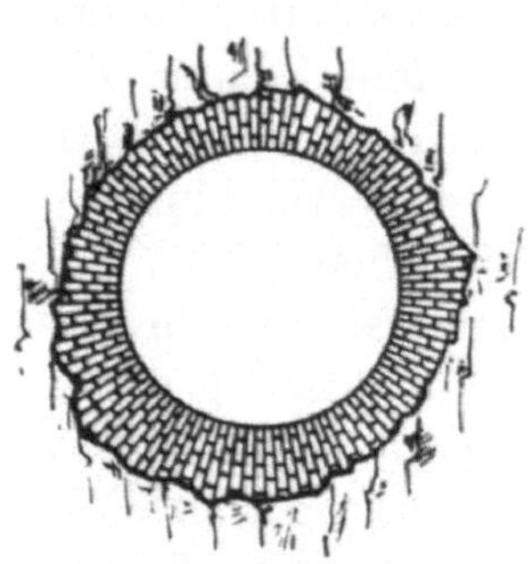

Abb. 8. Streckenausbau in Ziegelmauerwerk.

Bei den ältesten Streckenausbauten ist Ziegelmauerwerk verwendet worden. Es hat sich in den Füllörtern, Hauptquerschlägen und Richtstrecken im Sicherheitspfeiler der Schächte bewährt. Auch druckhafte Strecken mit Abbaudrücken wurden bisher fast ausschließlich mit Ziegelmauerwerk gesichert. Die Formänderungen solcher Ausbauten betrugen hierbei oft ein Vielfaches der Gewölbestärke. Hierbei können ganz verschieden gestaltete Formen in unmittelbarer Nachbarschaft auftreten. Da Mauerwerk immer satt an das Gebirge angeschlossen wird, ist die Form des Ausbaues stets von der Beschaffenheit der anliegenden Gebirgszone bestimmt. Das Ziegelmauerwerk leidet unter geringer Druckfestigkeit, so daß die Steine zermürbt werden. Daher sind später Betonbauten verwendet worden. Die unvermeidliche Verunreinigung des Mischgutes unter Tage vermindert jedoch die Güte des Betons, dessen Abbinden außerdem durch den sofort einsetzenden Gebirgsdruck gefährdet ist. Daher wird der an Ort und Stelle hergestellte Beton namentlich im Kohlenbergbau kaum eine Zukunft haben. Gegenüber

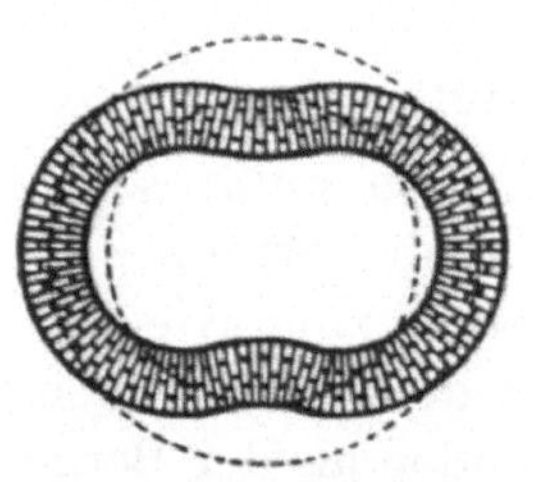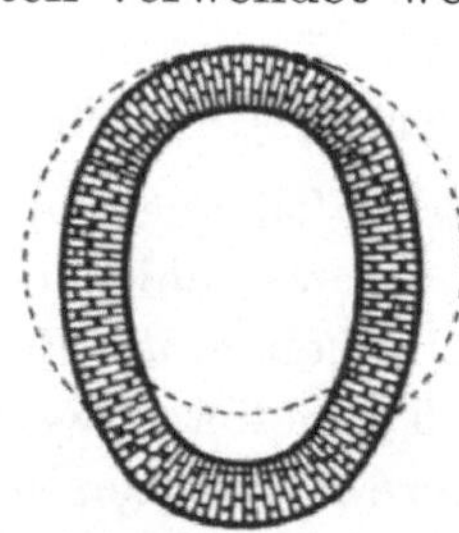

Abb. 9 und 10. Verformung benachbarter Mauerwerksquerschnitte.

Ziegelmauerwerk ist Beton spröder, so daß oft starke Rißbildung in Kauf genommen werden muß. Da auch die Ersparnisse aus geringeren Ausbruch- und Baustoffmassen meist durch die höheren Baustoffkosten aufgewogen werden, bedeutet die Anwendung von Betonausbauten keinen Fortschritt.

Die Gestaltung des Ausbaues wird z. Z. nach zwei Gesichtspunkten entwickelt. Die Druckfestigkeit des Baustoffes wird gesteigert, indem fabrikmäßig erzeugte Betonsteine mit radialen Schnittflächen zu Kreisringen zusammengebaut werden. Ihre Anzahl auf den Umfang kann verschieden sein. Bei vorherrschender Biegung klaffen die Fugen, so daß sich große Kantenpressungen ergeben. Daher ist auch Naturstein[1] mit seht hohen Druckfestigkeiten eingebaut worden. Dieser Ausbau führt, um seine Stabilität zu sichern, zu erheblichen Ringstärken[2]. Schwächere Konstruktionen erfordern längere Ringelemente. Für diese ist dann die Biegungsfestigkeit maßgebend, so daß Stampfbeton oder Naturstein als Baustoff ausscheiden und stabile Ausbauten aus Eisenbetonformstücken mit drei Wälzgelenken verwendet werden.

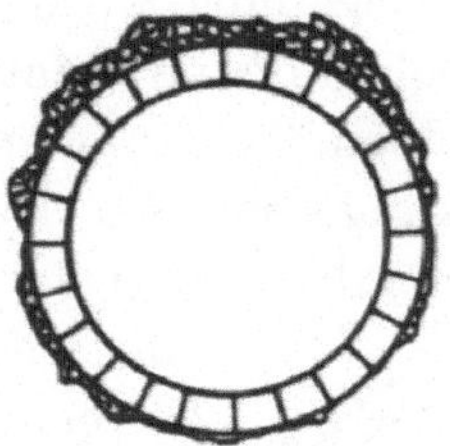
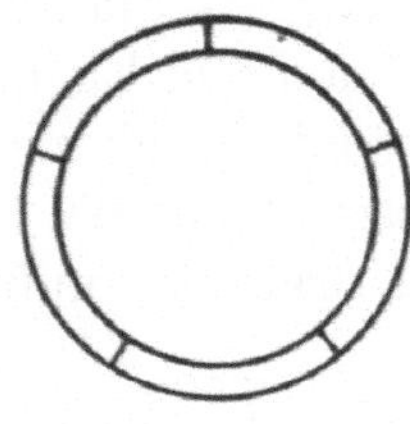

Abb. 11.   Radialsteinausbauten.

Dieser Ausbau mit ausgesprochen elastischer Verformung wird im Bergbau als starrer Ausbau bezeichnet. Er wird nachgiebig genannt, wenn eine Verformung von endlicher Größe ohne Festigkeitsüberschreitung möglich ist. Bei den angeführten Systemen mit mehr als drei Radialsteinen könnte eine endliche Verformung nur dann auftreten, wenn die durch das Klaffen der Fugen entstehenden hohen Kantenpressungen vom Baustoff ausgehalten würden.

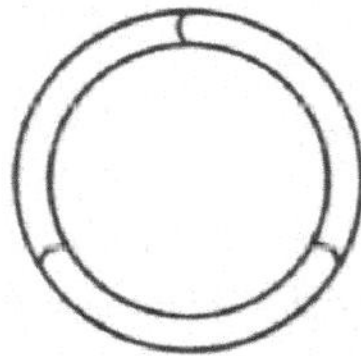
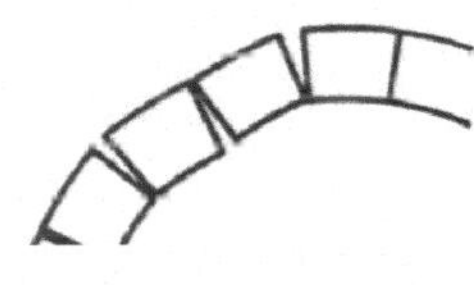

Abb. 12.   Dreigelenkring mit Wälzgelenken.   Abb. 13.   Fugenkleffen eines Radialsteinausbaues.

Im Gegensatz zu Ausbauten mit hoher Druckfestigkeit werden gegenwärtig vor allem Ausbauten verwendet, welche sich durch große Elastizität auszeichnen. In diesem Falle soll die Biegung des Kreisringes vermieden und die Belastung im wesentlichen durch Längskräfte des Kreisringes ausgeglichen werden. Damit wird die beste Ausnützung des Baustoffes erreicht. Der

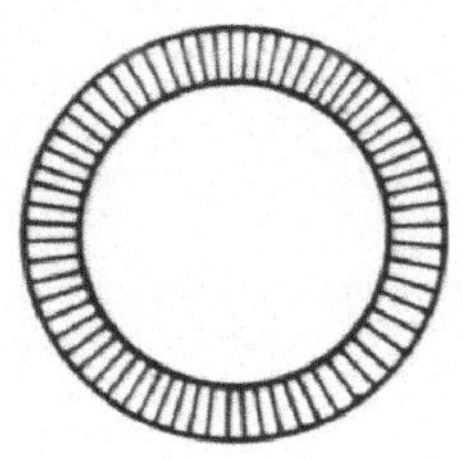
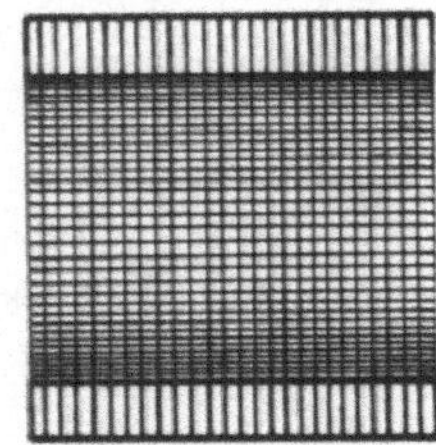

Abb. 14.   Holzklotzausbau.

Holzklotzausbau aus radial geschnittenen Hölzern zeichnet sich durch den niedrigen Elastizitätsmodul des Baustoffes aus. Nachteilig ist

---

[1] Braunsteiner, C.: Betriebserfahrungen mit verschiedenen Ausbauarten... Glückauf **1927**, 925.

[2] Mautner, K. W.: Eisenbeton im Streckenausbau. Vortrag, gehalten in Essen Oktober 1926 (Manuskript).

jedoch die zur Druckaufnahme in druckhaften Strecken erforderliche
große Konstruktionsstärke, deren Trägheitsmoment den Vorteil des
kleinen Elastizitätsmoduls zerstört.

Zur Erzielung größerer Formänderungen sind verschiedene Arten
von Quetschholzausbauten ausgeführt worden. Sie bestehen aus einer
Anzahl von Elementen, zwischen denen Quetschhölzer angeordnet sind.
Grundsätzlich kommen dieselben Ausbauarten in Frage wie beim starren
Ausbau mit der Einschränkung, daß die Anzahl der Elemente größer
als drei sein muß. Im Grenzfall werden der Viergelenkring oder viele
plattenförmig aufeinanderliegende
Elemente verwendet. Für die Ent-
scheidung ist der Grad der Stabilität des Ausbaues maßgebend, welcher bei dem erwarteten Gebirgsdruck vorhanden sein soll. Im
Grenzfall dürfen drei Quetschfugen
nicht in eine Gerade fallen. Je geringer die Anzahl der Elemente ist,
desto sicherer ist die Stabilität,
um so größer ist aber auch die
erforderliche Biegungssteifigkeit. Hierdurch wird eine Beziehung zwischen dem Grad der Stabilität und der Biegungssteifigkeit bestimmt,
welche über die Güte des Systems entscheidet. In Abb. 16 ist das
Spannungs-Dehnungsdiagramm[1] des Quetschholzes angegeben. Das

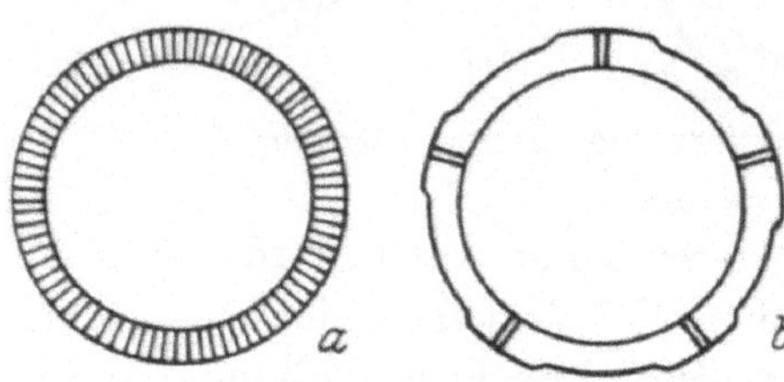

Abb. 15. Quetschholzausbauten.
a) Vielgelenkausbau mit Platten und Holz-
zwischenlagen.
b) Segmentausbau mit 5 Quetschfugen.
(Ausf. der Wayß & Freytag AG.)

Gebirge erhält durch die
endliche Zusammen-
drückung des Ausbau-
umfanges die Möglich-
keit, auch nach dem
Ausbauen der Strecke
zu wachsen und die
Spannungen in sich aus-
zugleichen. Diese Auf-
gabe des Quetschholzes

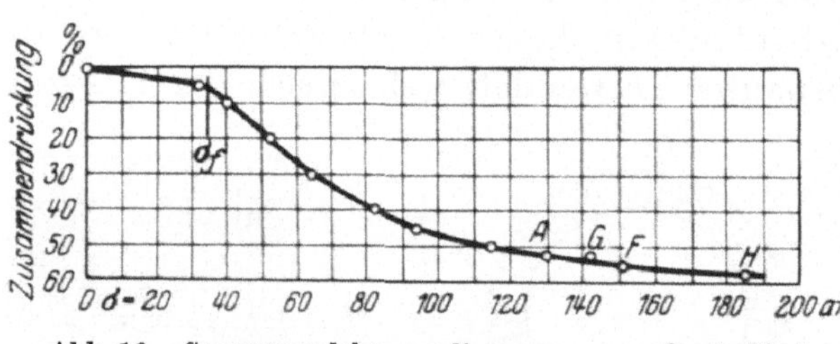

Abb. 16.. Spannungsdehnungsdiagramm von Quetschholz.
Nach F. Kögler[1].

wird durch den Bergeversatz unterstützt. Da außerdem die Möglichkeit
der gegenseitigen Verdrehung zweier Elemente vorhanden ist, können
große ungleichförmige Gebirgsdrucke übertragen werden, ohne daß
hohe Kantenpressungen entstehen. Bei weitgehender Zusammendrük-
kung der Quetschhölzer werden sie plastisch und damit die Quetschfugen zu Querschnitten kleinster Momente. Die Querkräfte werden
in den Quetschfugen im allgemeinen schon durch die Reibung übertragen, bei einem System jedoch durch eine Gleitbewehrung aufgenom-

<hr>

[1] Kögler, F.: Über die Festigkeit von Holz quer zur Faser. Bauing. **1926**, 64.

men. Je gleichmäßiger der Druck, d. h. je geringer die Biegungsbeanspruchung ist, um so weniger werden die Querkräfte einem Ausbau gefährlich. Der Quetschholzausbau ist an sich labil. Er wird erst durch einen Axialdruck stabil, welcher ein Klaffen der Fugen ausschließt. Dies ist immer der Fall, wenn das angrenzende Gebirge den nach außen ausweichenden Segmenten des Kreisringes Widerstand leistet.

Schließlich seien die Ausbauten erwähnt, welche zunächst zwar als labile Systeme eingebracht, aber nach Ausbildung eines Gleichgewichtszustandes zwischen Ausbau und Gebirge kinematisch starr ausgebildet werden. Dies wird durch nachträgliches Verpressen der Quetschfugen erreicht. Auf diese Art dürfte der passive Gebirgsdruck in Zukunft auch im Tunnelbau für die Standfestigkeit ausgenutzt werden können und hier zu leichten Konstruktionen führen. Die Anwendung dieser Ausbauart für den Tunnelbau ist insbesondere deshalb berechtigt, da Gleichgewichtsstörungen später, wenn der Ruhezustand nach dem Auffahren hergestellt ist, nicht mehr auftreten. Abb. 17 zeigt einen nach diesem System ausgeführten Ausbau für den Großraumfördertunnel auf dem Tagebau Wählitz der Werschen-Weißenfelser Braunkohlen AG.

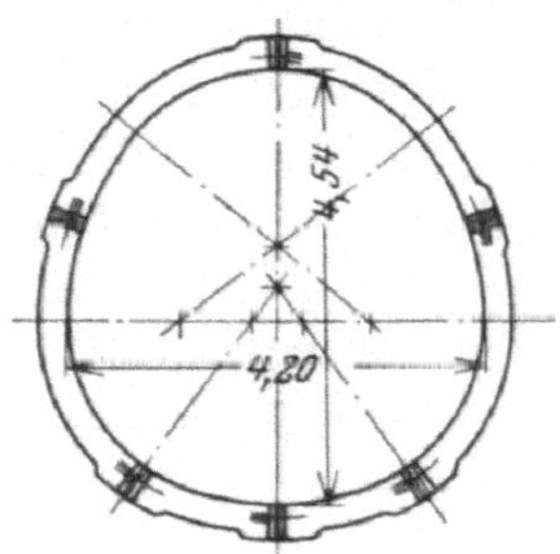

Abb. 17. Tunnel mit Ausbau. System Baron D. R. P. Ausführung der Wayß & Freytag AG. Frankfurt a. M.

Die Ansichten sind heute noch geteilt, ob starrer oder nachgiebiger Ausbau zweckmäßiger ist. Im allgemeinen wird nach den Erfahrungen des Auftraggebers entschieden, im übrigen die Konstruktion nach wirtschaftlichen Gesichtspunkten beurteilt. In Wirklichkeit darf jedoch allein der dem Ausbau von der Zeit seiner Herstellung an zum Ausgleich zuzuweisende Anteil des Gebirgsdruckes entscheiden. Nach Erreichung des Gleichgewichtszustandes sind beide Arten statisch gleichwertig, sofern der labile Ring mit Längskräften beansprucht wird, die ein Fugenklaffen ausschließen. Diese Voraussetzung ist in der Regel erfüllt, da der passive Gebirgsdruck beim nachgiebigen Ausbausystem die Biegungsbelastung besser zu einer Längskräfte erzeugenden Belastung ergänzt, als es bei einem nur elastisch verformbaren Ausbau möglich ist. Ein Unterschied ergibt sich für die rechnerische Behandlung nur aus der Unstetigkeit der Konstruktion in den Gelenkstollen.

c) Die formale Behandlung des Kräfteausgleichs.

Die theoretische Untersuchung des Tunnel- und Streckenausbaues besteht in dem Festigkeitsnachweis des Kreisringes für den ungünstigsten Belastungszustand. Damit wird diejenige Funktion der äußeren Kräfte verstanden, welche die größte Beanspruchung des Baustoffes hervorruft. Die als integrierbar vorausgesetzte Belastungsfunktion $p\,(\varphi)$

soll in dem Intervall von 0 bis 2 durch eine konvergente Reihe trigo-
nometrischer, also stetiger, Funktionen dargestellt werden, so daß auch
unstetige Belastungsfunktionen eingeschlossen sind[1]. Die Fourierreihe
braucht jedoch nicht in allen Fällen, weder im ganzen Intervall noch
an einzelnen Punkten zu konvergieren. Als notwendige und hin-
reichende Bedingung der Konvergenz strebt das Dirichletsche Integral

$$\frac{2}{\pi}\int\limits_0^{\frac{\pi}{2}} \frac{f(\varkappa_0 + 2\,t) + f(\varkappa_0 - 2\,t)}{2} \cdot \frac{\sin(2\,n + 1)\,t}{\sin t}\,dt$$

für $n \to \infty$ einem endlichen Grenzwert zu. Dieser bildet dann den Wert
der Summe in dem betreffenden Punkt. Die Fourierkonstanten stellen
je für sich Nullfolgen dar.

Die unterschiedliche Konvergenz der Fourierreihen ist für dieses
Anwendungsgebiet kein Mangel, da der unsichere Verlauf der Belastungsfunktion immer die Einführung einer ähnlichen Funktion zu-
läßt, für welche die Konvergenz nachgewiesen werden kann.

Nach der Überführung der Belastungsfunktion in die konvergente
Fourierreihe bestehen für die Behandlung des Problems keine weiteren
Schwierigkeiten. Die Rechnungen können in den meisten Fällen mit
wenigen Gliedern der Reihe durchgeführt werden.

Es sei

$$p = A_o + \sum A_n \cos n\,\varphi + \sum B_n \sin n\,\varphi \tag{6}$$

die Gleichung der Belastungsordinaten. Die Auflagerwiderstände, welche
sich bei einer nicht im Gleichgewicht stehenden Belastung ergeben,
werden im elastischen Schwerpunkt des Kreisringes zusammengefaßt.
Solche Reaktionen kommen nur für die Glieder mit den Ordnungszahlen 0 und 1 in Frage. Sie ergeben sich mit den statisch unbestimmten
Größen und werden Null, wenn durch zusätzliche Belastungen das erforderliche Gleichgewicht aller äußeren Kräfte hergestellt ist. Moment,
Längs- und Querkraft sowie die Durchbiegung werden nach Navier

Abb. 18.

gerechnet, um einfache Ergebnisse
zu gewinnen. Der Einfluß der
Längs- und Querkräfte auf die
Formänderungen wird vernachlässigt. Die Annäherung ist um
so besser, je kleiner die Quer-
schnittsabmessungen gegenüber dem Krümmungsradius sind und je
weniger sich der Kreisring verformt. Außerdem soll das Hookesche
Gesetz gelten und eine räumliche Verformung des Ringes als nicht

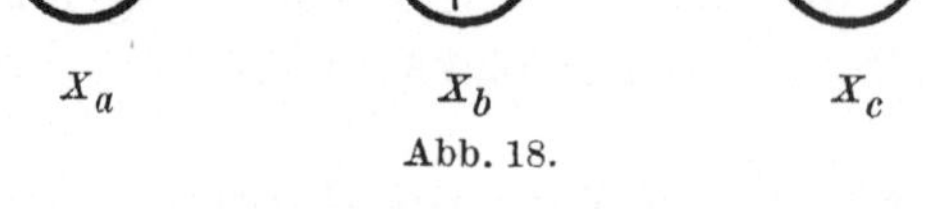

---

[1] Knopp, K.: Theorie und Anwendung der unendlichen Reihen. 2. Aufl.
Berlin 1924.

vorhanden angesehen werden. Die Stabachse wird durch Polarkoordinaten beschrieben.

Die Berechnung der äußeren Kräfte des Systems läßt sich in bekannter Weise aus den Momenten für die äußeren Lasten und für die Belastungszustände $-X_a = 1$, $-X_b = 1$, $-X_c = 1$ erledigen. X_a, X_b, X_c sind die Schnittkräfte des Kreisringes bei $\varphi = 0$. Sie werden nach dem elastischen Schwerpunkt verlegt, der bei Symmetrie der Ringsteifigkeit mit dem geometrischen Mittelpunkt zusammenfällt. Die Durchbiegung wird aus der für diesen Fall angenäherten Differentialgleichung der elastischen Linie berechnet. Sie heißt:

$$\delta + \frac{d^2\,\delta}{d\varphi^2} = \frac{M\,r^2}{E\,J} \tag{7}$$

und beschreibt mit $r = \infty$ die Durchbiegung des geraden Stabes. δ bedeutet die Abweichung der Achse von der ursprünglichen Systemachse und soll positiv bei einer Ausbiegung nach außen sein. Die Integration von (7) ergibt[1]:

$$\delta - \left[C_1 - \int \frac{M\,r^2}{E\,J}\,\sin\varphi\,d\varphi \right]\cos\varphi + \left[C_2 + \int \frac{M\,r^2}{E\,J}\,\cos\varphi\,d\varphi \right]\sin\varphi. \tag{8}$$

C_1 und C_2 sind Integrationskonstanten. Sie bedeuten zwei Verschiebungen des unverformten Ringes mit zueinander senkrechter Richtung und werden aus den Auflagerbedingungen des Kreisringes bestimmt. Für den freien Ring ist $C_1 = C_2 = 0$.

Radiale Belastungen werden im folgenden durch lateinische (A), tangentiale durch deutsche (𝔄) und Belastungen aus Streckenmomenten durch griechische (A) Buchstaben bezeichnet.

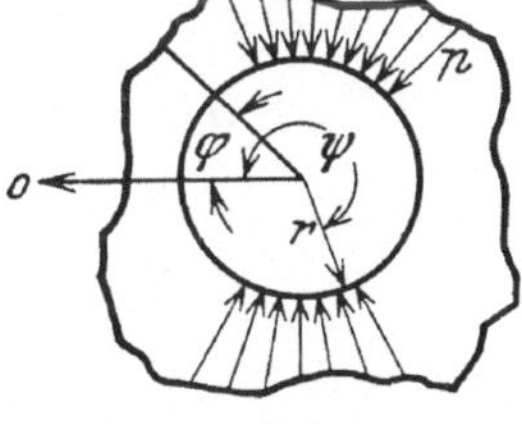

Abb. 19.

1. Radiallasten. $E \cdot J = $ konstant.

$$p = A_0 + \sum A_n \cos n\varphi + \sum B_n \sin n\varphi. \tag{6}$$

Für einen Punkt ψ ist:

$$M_0{}^\psi = r^2 \int_0^\psi p \sin(\varphi - \psi)\,d\varphi$$

$$M_0{}^\psi = r^2 \Big\{ A_0\,(\cos\psi - 1) + A_1\left(-\frac{1}{2}\,\psi\sin\psi\right)$$

$$+ \sum_2 A_n \frac{1}{1-n^2} \div (\cos n\psi + \cos\psi)$$

$$+ B_1\left(\frac{1}{2}\,\psi\cos\psi - \frac{1}{2}\sin\psi\right)$$

---

[1] Mayer, R.: Über Elastizität und Stabilität des geschlossenen und offenen Kreisbogens. Diss. Karlsruhe 1911.

$$+ \sum_2 B_n \cdot \frac{1}{1-n^2} \left(= \sin n\,\psi + 2\,\sin\,\psi\right) \Bigg\}$$

$$X_a = -1:$$

$$M_a = -1$$

$$\delta_{aa} = \int_0^{2\pi} (-1)^2\, r\, d\varphi = 2\,r\,\pi$$

$$\delta_{ma} = -r^3\,(-2\,\pi\,A_0 + \pi\,A_1)$$

$$X_b = -1:$$

$$M_b = -r\cos\varphi$$

$$\delta_{bb} = \int_0^{2\pi} (-r\cos\varphi)^2\, r\, d\varphi = r^3\,\pi$$

$$\delta_{mb} = -r^4 \left(A_0\,\pi + A_1\,\frac{\pi}{4} + \sum_2 \frac{\pi}{n^2-1}\,A_n + B_1\,\frac{\pi^2}{2} \right)$$

$$X_c = -1:$$

$$M_c = -r\sin\varphi$$

$$\delta_{cc} = \int_2^{2\pi} (-r\sin\varphi)^2\, r\, d\varphi = r^3\,\pi$$

$$\delta_{mc} = r^4 \left(A_1\,\frac{\pi^2}{2} + B_1\,\frac{3}{4}\,\pi + \sum_2 B_n\,\frac{n\,\pi}{n^2-1} \right)$$

$$X_a = \quad r^2 \left(A_0 - \frac{1}{2}\,A_1 \right)$$

$$X_b = -r \left(A_0 + \frac{1}{4}\,A_1 - \sum_2 A_n \frac{1}{n^2-1} + \frac{\pi}{2}\,B_1 \right)$$

$$X_c = \quad r \left(\frac{\pi}{2} + \frac{3}{4}\,B_1 + \sum_2 B_n \frac{n}{n^2-1} \right)$$

X_c wird Null, wenn die äußeren Kräfte im Gleichgewicht und symmetrisch zum Nullstrahl angeordnet sind, d. h. wenn $A_1 = B_1 = 0$ und $\sum_2 B_n = 0$ ist. Die Glieder $\div \frac{\pi}{2}\,B_1$ bei X_b und $+\frac{\pi}{2}\,A_1$ bei X_c stellen die zur Herstellung des Gleichgewichts für die Belastungen $B_1 \sin\varphi$ und $A_1 \cos\varphi$ erforderlichen äußeren Kräfte dar.

Die **Momente** ergeben sich sodann zu: (Zug innen = positiv):

$$M = r^2 \left\{ \begin{array}{l} + A_1 \left(\dfrac{\pi-\varphi}{2}\sin\varphi - \dfrac{1}{2} - \dfrac{1}{4}\cos\varphi \right) \\ + B_1 \left(-\dfrac{\pi-\varphi}{2}\cos\varphi + \dfrac{1}{4}\sin\varphi \right) \end{array} \right. + \sum_2 \left\{ \begin{array}{l} A_n \\ B_n \end{array} \right\} \frac{1}{n^2-1} \left\{ \begin{array}{l} \cos n\,\varphi \\ \sin n\,\varphi \end{array} \right\} \right\} \quad (9)$$

Für die Normalkraft (Druck = positiv) erhält man:

$$N = r\left\{ \begin{array}{l} A_0 + A_1\left(\frac{1}{4}\cos\varphi + \frac{\varphi-\pi}{2}\sin\varphi\right) \\ + B_1\left(-\frac{1}{4}\sin\varphi - \frac{\varphi-\pi}{2}\cos\varphi\right) \end{array}\right. + \sum_2 \left|\begin{array}{l} A_n \\ B_n \end{array}\right| \frac{-1}{n^2-1} \left|\begin{array}{l} \cos n\varphi \\ \sin n\varphi \end{array}\right|\right\} \quad (10)$$

Querkraft: (positiv, wenn die Kraft auf der Seite der abnehmenden φ nach innen gerichtet ist).

$$Q = r\left\{ \begin{array}{l} + A_1\left(\frac{1}{4}\sin\varphi + \frac{\varphi-\pi}{2}\cos\varphi\right) \\ + B_1\left(-\frac{3}{4}\cos\varphi + \frac{\varphi-\pi}{2}\sin\varphi\right) \end{array}\right. + \sum_{2,3\ldots} \left|\begin{array}{l} + A_n \\ - B_n \end{array}\right| \frac{n}{n^2-1} \left|\begin{array}{l} \sin n\varphi \\ \cos n\varphi \end{array}\right|\right\} \quad (11)$$

Die Durchbiegung: (positiv nach außen)

$$\delta_r = \frac{r^4}{EJ}\left\{ \begin{array}{l} + A_1\left[(2\varphi^2 - 4\pi\varphi - 1)\frac{1}{16}\cos\varphi - \frac{1}{2} + \frac{\pi-\varphi}{4}\sin\varphi\right] \\ + B_1\left[(2\varphi^2 - 4\pi\varphi + 1)\frac{1}{16}\sin\varphi\right] \\ \div \sum_2 \left(\frac{1}{n^2-1}\right) \begin{array}{l} A_n\cos n\varphi \\ B_n\sin n\varphi \end{array} \end{array}\right\} \quad (12)$$

2. Tangentiallasten. $E \cdot J = $ konstant.

Der gleiche Rechnungsgang für tangential angreifende Belastung durchgeführt, zeitigt die folgenden Ergebnisse. Eine im Uhrzeigersinn wirkende Last ist positiv angesetzt. Im Belastungsbild drückt die Ordinate die Intensität, das Vorzeichen die Richtung aus.

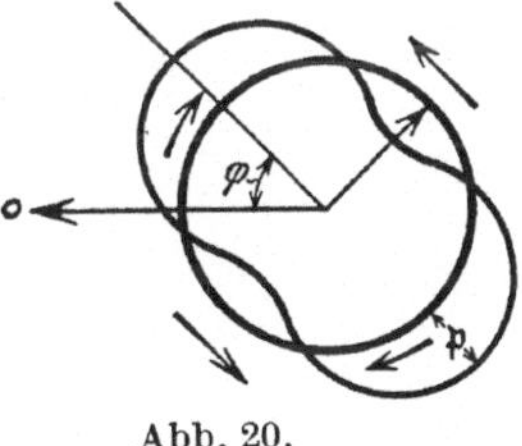

Abb. 20.

Die Belastungsfunktion sei

$$\mathfrak{p} = \mathfrak{A}_0 + \sum_{1,2\ldots} \begin{array}{l} \mathfrak{A}_n\cos n\varphi \\ \mathfrak{B}_n\sin n\varphi \end{array} \quad (13)$$

$$\mathfrak{M}_0 = r^2\left\{ \mathfrak{A}_0(\varphi - \sin\varphi) + \mathfrak{A}_1\left(\frac{1}{2}\sin\varphi - \frac{1}{2}\varphi\cos\varphi\right)\right.$$

$$+ \sum_2 \mathfrak{A}_n\left(\frac{1}{n^2-1}\sin\varphi - \frac{1}{n(n^2-1)}\sin n\varphi\right)$$

$$+ \mathfrak{B}_1\left(1 - \cos\varphi - \frac{1}{2}\varphi\sin\varphi\right)$$

$$\left. + \sum_2 \mathfrak{B}_n\left(\frac{1}{n} - \frac{n}{n^2-1}\cos\varphi + \frac{1}{n(n^2-1)}\cos n\varphi\right)\right\}$$

$$\delta_{ma} = -r^3\pi\left\{ \mathfrak{A}_0 \quad 2\pi + \mathfrak{B}_1 \quad 3 + \mathfrak{B}_2 \quad 1 + \frac{2}{3}\mathfrak{B}_3 + \cdots\right\}$$

$$\delta_{mb} = + r^4\pi \left\{ + \frac{1}{2}\pi\mathfrak{A}_1 + \frac{3}{4}\mathfrak{B}_1 + \frac{2}{3}\mathfrak{B}_2 + \frac{3}{8}\mathfrak{B}_3 + \cdots \right\}$$

$$\delta_{mc} = - r^4\pi \left\{ - 3\mathfrak{A}_0 + \frac{3}{4}\mathfrak{A}_1 + \frac{1}{3}\mathfrak{A}_2 + \frac{1}{8}\mathfrak{A}_3 + \cdots \div \frac{\pi}{2}\mathfrak{B}_1 \right\}$$

Hiermit werden die Unbekannten ermittelt.

$$X_a = - r^2 \left\{ \pi\mathfrak{A}_0 + \frac{3}{2}\mathfrak{B}_1 + \frac{1}{2}\mathfrak{B}_2 + \frac{1}{3}\mathfrak{B}_3 + \cdots \right\}$$

$$X_b = + r \left\{ \frac{\pi}{2}\mathfrak{A}_1 + \frac{3}{4}\mathfrak{B}_1 + \frac{2}{3}\mathfrak{B}_2 + \frac{3}{8}\mathfrak{B}_3 + \cdots \right\}$$

$$X_c = + r \left\{ 3\mathfrak{A}_0 + \frac{\pi}{2}\mathfrak{B}_1 - \frac{3}{4}\mathfrak{A}_1 - \frac{1}{3}\mathfrak{A}_2 - \frac{1}{8}\mathfrak{A}_3 - \cdots \right\}.$$

Es ergibt sich das **Moment**:

$$\mathfrak{M} = r^2 \left| \begin{aligned} &\mathfrak{A}_0\,(\varphi - \pi + 2\sin\varphi) + \mathfrak{A}_1\left(-\frac{1}{4}\sin\varphi + \frac{\pi-\varphi}{2}\cos\varphi\right) \\ &\quad + \mathfrak{B}_1\left(\div\frac{1}{2} - \frac{1}{4}\cos\varphi + \frac{\pi-\varphi}{2}\sin\varphi\right) \\ &\quad + \sum_2 \begin{array}{l} -\mathfrak{A}_n \\ +\mathfrak{B}_n \end{array}\left(\frac{n}{n^2-1} - \frac{1}{n}\right)\begin{array}{l} \sin n\varphi \\ \cos n\varphi \end{array} \end{aligned}\right|, \qquad (14)$$

die **Normalkraft**:

$$\mathfrak{N} = r \left| \begin{aligned} &\mathfrak{A}_o\,(-2\sin\varphi) + \mathfrak{A}_1\left(\frac{\varphi-\pi}{2\cdot}\cos\varphi + \frac{5}{4}\sin\varphi\right) \\ &\quad + \mathfrak{B}_1\left(\frac{\varphi-\pi}{2}\sin\varphi - \frac{3}{4}\cos\varphi\right) \\ &\quad + \sum_2 \begin{array}{l} +\mathfrak{A}_n \\ -\mathfrak{B}_n \end{array}\frac{n}{n^2-1}\begin{array}{l} \sin n\varphi \\ \cos n\varphi \end{array} \end{aligned}\right|, \qquad (15)$$

die **Querkraft**:

$$\mathfrak{Q} = r \left| \begin{aligned} &-\mathfrak{A}_0\,(1 + 2\cos\varphi) + \mathfrak{A}_1\left(\frac{3}{4}\cos\varphi - \frac{\varphi-\pi}{2}\sin\varphi\right) \\ &\quad + \mathfrak{B}_1\left(\frac{1}{4}\sin\varphi + \frac{\varphi-\pi}{2}\cos\varphi\right) \\ &\quad + \sum_2 \begin{array}{l} \mathfrak{A}_n \\ \mathfrak{B}_n \end{array}\frac{1}{n^2-1}\begin{array}{l} \cos n\varphi \\ \sin n\varphi \end{array} \end{aligned}\right|, \qquad (16)$$

die **Durchbiegung**:

$$\delta_t = \frac{r^4}{E\cdot J} \left| \begin{aligned} &\mathfrak{A}_0\,(\varphi - \pi + \sin\varphi - \varphi\cos\varphi) + \mathfrak{A}_1\left(-\frac{1}{16}\sin\varphi\,(2\varphi^2 - 4\pi\varphi + 1)\right) \\ &\quad + \mathfrak{B}_1\left(\frac{1}{16}\cos\varphi\,(2\varphi^2 - 4\pi\varphi - 1) + \frac{\pi-\varphi}{4}\sin\varphi - \frac{1}{2}\right) \\ &\quad + \sum_2 \begin{array}{l} +\mathfrak{A}_n \\ -\mathfrak{B}_n \end{array}\frac{1}{n\,(n^2-1)}\begin{array}{l} \sin n\varphi \\ \cos n\varphi \end{array} \end{aligned}\right|. \qquad (17)$$

3. Belastung durch Streckenmomente. $E \cdot J =$ konstant.

Die im Uhrzeigersinn drehenden Momente sind positiv angesetzt. Aus der allgemeinen Momentenbelastung

$$q = A_0 + \sum \frac{A_n \cos n\varphi}{B_n \sin n\varphi} \qquad (18)$$

erhält man folgende Zwischenwerte und Ergebnisse:

$$M_o = r\left\{ \begin{matrix} A_o\,\varphi + A_1 \sin\varphi \\ \div\, B_1 \cos\varphi \end{matrix} + \sum_2 \begin{matrix} + A_n \sin n\varphi \\ - B_n \cos n\varphi \end{matrix} + \sum_1 \frac{1}{n} B_n \right\}$$

$$\delta_{ma} = -\,2\,\pi\,r^2\left\{ A_0\,\pi + \sum_1 \frac{1}{n} B_n \right\}$$

$$\delta_{mb} = +\,\pi\,r^3 \cdot B_1$$

$$\delta_{mc} = +\,\pi\,r^3\left\{ 2\,A_o - A_1 \right\}$$

$$X_a = -\,r\left\{ A_o\,\pi + \sum_1 \frac{1}{n} B_n \right\}$$

$$X_b = B_1$$

$$X_c = 2\,A_o - A_1$$

Abb. 21.

Moment des stat. unbest. Systems:

$$M = r\left\{ A_0\,(\varphi - \pi + 2\sin\varphi) + \sum_2 \begin{matrix} + A_n \\ - B_n \end{matrix} \frac{1}{n} \begin{matrix} \sin n\varphi \\ \cos n\varphi \end{matrix} \right\} \qquad (19)$$

Normalkraft:

$$N = -\,(2\,A_0 - A_1)\sin\varphi - B_1 \cos\varphi \qquad (20)$$

Querkraft:

$$\Omega = -\,(2\,A_0 - A_1)\cos\varphi + B_1 \sin\varphi \qquad (21)$$

Die Glieder A_1 und B_1 geben keinen Beitrag zum Moment. Der Kreis ist also eine Stützlinie für die Belastung:

$$q = A_1 \cos\varphi \quad \text{oder} \quad q = B_1 \sin\varphi.$$

Die Glieder $A_{2,3}\ldots$ und $B_{2,3}\ldots$ beeinflussen lediglich das Moment, nicht aber Normal- und Querkräfte.

Durchbiegung:

$$\delta_m = \frac{r^3}{E\cdot J}\left\{ A_0\,(\varphi - \pi + \sin\varphi - \varphi\cos\varphi) + \sum_{2,3\ldots} \begin{matrix} - A_n \\ + B_n \end{matrix} \frac{1}{n\,(n^2 - 1)} \begin{matrix} \sin n\varphi \\ \cos n\varphi \end{matrix} \right\} \qquad (22)$$

In der folgenden Tabelle (23) bis (34) sind einige der Beiwerte der Belastungsgrößen A_n, $\mathfrak{A}_n$ und A_n bzw. B_n, $\mathfrak{B}_n$ und B_n zahlenmäßig errechnet:

Tabelle 1.

$E\cdot J=$ konst.	A_0	A_1 B_1	A_2 B_2	A_3 B_3	A_4 B_4	
Radialbel. $\dfrac{M}{r^2}$	0	$+\dfrac{\pi-\varphi}{2}\sin\varphi-\dfrac{1}{2}-\dfrac{1}{4}\cos\varphi$ $-\dfrac{\pi-\varphi}{2}\cos\varphi+\dfrac{1}{4}\sin\varphi$	$\dfrac{1}{3}\cos 2\varphi$ $\dfrac{1}{3}\sin 2\varphi$	$\dfrac{1}{8}\cos 3\varphi$ $\dfrac{1}{8}\sin 3\varphi$	$\dfrac{1}{15}\cos 4\varphi$ $\dfrac{1}{15}\sin 4\varphi$	(23)
$\dfrac{N}{r}$	1	$-\dfrac{\pi-\varphi}{2}\sin\varphi+\dfrac{1}{4}\cos\varphi$ $+\dfrac{\pi-\varphi}{2}\cos\varphi-\dfrac{1}{4}\sin\varphi$	$-\dfrac{1}{3}\cos 2\varphi$ $-\dfrac{1}{3}\sin 2\varphi$	$-\dfrac{1}{8}\cos 3\varphi$ $-\dfrac{1}{8}\sin 3\varphi$	$-\dfrac{1}{15}\cos 4\varphi$ $-\dfrac{1}{15}\sin 4\varphi$	(24)
$\dfrac{Q}{r}$	0	$-\dfrac{\pi-\varphi}{2}\cos\varphi+\dfrac{1}{4}\sin\varphi$ $-\dfrac{\pi-\varphi}{2}\sin\varphi-\dfrac{3}{4}\cos\varphi$	$+\dfrac{2}{3}\sin 2\varphi$ $-\dfrac{2}{3}\cos 2\varphi$	$+\dfrac{3}{8}\sin 3\varphi$ $-\dfrac{3}{8}\cos 3\varphi$	$+\dfrac{4}{15}\sin 4\varphi$ $-\dfrac{4}{15}\cos 4\varphi$	(25)
$\delta_r\cdot\dfrac{E\cdot J}{r^4}$	0	$\dfrac{1}{16}\cos\varphi\,(2\varphi^2-4\pi\varphi-1)$ $\qquad-\dfrac{1}{2}+\dfrac{\pi-\varphi}{4}\sin\varphi$ $\dfrac{1}{16}\sin\varphi\,(2\varphi^2-4\pi\varphi+1)$	$-\dfrac{1}{9}\cos 2\varphi$ $-\dfrac{1}{9}\sin 3\varphi$	$-\dfrac{1}{64}\cos 3\varphi$ $-\dfrac{1}{64}\sin 3\varphi$	$-\dfrac{1}{225}\cos 4\varphi$ $-\dfrac{1}{225}\sin 4\varphi$	(26)
Tangential- belastung	$\mathfrak{A}_0$	$\mathfrak{A}_1$ $\mathfrak{B}_1$	$\mathfrak{A}_2$ $\mathfrak{B}_2$	$\mathfrak{A}_3$ $\mathfrak{B}_3$	$\mathfrak{A}_4$ $\mathfrak{B}_4$	
$\dfrac{\mathfrak{M}}{r^2}$	$\varphi-\pi+2\sin\varphi$	$+\dfrac{\pi-\varphi}{2}\cos\varphi-\dfrac{1}{4}\sin\varphi$ $+\dfrac{\pi-\varphi}{2}\sin\varphi-\dfrac{1}{2}-\dfrac{1}{4}\cos\varphi$	$-\dfrac{1}{6}\sin 2\varphi$ $+\dfrac{1}{6}\cos 2\varphi$	$-\dfrac{1}{24}\sin 3\varphi$ $+\dfrac{1}{24}\cos 3\varphi$	$-\dfrac{1}{60}\sin 4\varphi$ $+\dfrac{1}{60}\cos 4\varphi$	(27)

Belastung	A_0	A_1 / B_1	A_2 / B_2	A_3 / B_3	A_4 / B_4	
$\frac{\mathfrak{N}}{r}$	$-2\sin\varphi$	$-\frac{\pi-\varphi}{2}\cos\varphi+\frac{5}{4}\sin\varphi$ $-\frac{\pi-\varphi}{2}\sin\varphi-\frac{3}{4}\cos\varphi$	$+\frac{2}{3}\sin 2\varphi$ $-\frac{2}{3}\cos 2\varphi$	$+\frac{3}{8}\sin 3\varphi$ $-\frac{3}{8}\cos 3\varphi$	$+\frac{4}{15}\sin 4\varphi$ $-\frac{4}{15}\cos 4\varphi$	(28)
$\frac{\Omega}{r}$	$-1-2\cos\varphi$	$+\frac{\pi-\varphi}{2}\cos\varphi+\frac{3}{4}\sin\varphi$ $-\frac{\pi-\varphi}{2}\cos\varphi+\frac{1}{4}\sin\varphi$	$+\frac{1}{3}\cos 2\varphi$ $+\frac{1}{3}\sin 2\varphi$	$+\frac{1}{8}\cos 3\varphi$ $+\frac{1}{8}\sin 3\varphi$	$+\frac{1}{15}\cos 3\varphi$ $+\frac{1}{15}\sin 3\varphi$	(29)
$\delta\cdot\frac{E\cdot J}{r^4}$	$\varphi-\pi+\sin\varphi$ $-\varphi\cos\varphi$	$-\frac{1}{16}\sin\varphi\,(2\varphi^2-4\pi\varphi+1)$ $+\frac{1}{16}\cos\varphi\,(2\varphi^2-4\pi\varphi-1)$ $-\frac{1}{2}+\frac{\pi-\varphi}{4}\sin\varphi$	$+\frac{1}{18}\cos 2\varphi$ $+\frac{1}{18}\sin 2\varphi$	$+\frac{1}{192}\cos 3\varphi$ $+\frac{1}{192}\sin 3\varphi$	$+\frac{1}{900}\cos 4\varphi$ $+\frac{1}{900}\sin 4\varphi$	(30)

Moment-belastung	A_0	A_1 / B_1	A_2 / B_2	A_3 / B_3	A_4 / B_4	
$\frac{M}{r}$	$\varphi-\pi+2\sin\varphi$	0 0	$+\frac{1}{2}\sin 2\varphi$ $-\frac{1}{2}\cos 2\varphi$	$+\frac{1}{3}\sin 3\varphi$ $-\frac{1}{3}\cos 3\varphi$	$+\frac{1}{4}\sin 4\varphi$ $-\frac{1}{4}\cos 4\varphi$	(31)
N	$-2\sin\varphi$	$+2\sin\varphi$ $-\cos\varphi$	0 0	0 0	0 0	(32)
Ω	$-2\cos\varphi$	$+2\cos\varphi$ $+\sin\varphi$	0 0	0 0	0 0	(33)
$\delta_m\cdot\frac{E\cdot J}{r^3}$	$\left\{\begin{array}{l}\varphi-\pi+\sin\varphi\\ -\varphi\cos\varphi\end{array}\right.$	0 0	$-\frac{1}{6}\sin 2\varphi$ $+\frac{1}{6}\cos 2\varphi$	$-\frac{1}{24}\sin 3\varphi$ $+\frac{1}{24}\cos 3\varphi$	$-\frac{1}{60}\sin 4\varphi$ $+\frac{1}{60}\cos 4\varphi$	(34)

Mit den Fourierschen Konstanten einer Belastungsreihe können Moment, Längs- und Querkraft und Durchbiegung ohne Rechnung angegeben werden. Der gleiche Ansatz ist auch für veränderliche Steifigkeit durchführbar, wenn EJ durch eine Fourierreihe ausgedrückt wird.

d) Gleichgewichtsbedingungen.

Es erübrigt sich noch zu untersuchen, welche Beziehungen zwischen den Konstanten der Belastungsreihe bestehen müssen, wenn die Forderung nach dem Gleichgewicht der äußeren Kräfte erfüllt sein soll. Aus den drei Gleichgewichtsbedingungen

$$\Sigma V = 0, \qquad \Sigma H = 0, \qquad \Sigma M = 0$$

ergeben sich für radiale, tangentiale und Momentenbelastung folgende Bedingungen:

1. radiale Kräfte: $\qquad A_1 = B_1 = 0$ $\qquad\qquad$ (35)

2. tangentiale Kräfte: $\quad \mathfrak{A}_0 = \mathfrak{A}_1 = \mathfrak{B}_1 = 0$ $\qquad$ (36)

3. Momente: $\qquad\qquad \mathrm{A}_0 = 0.$ $\qquad\qquad\qquad$ (37)

Für zusammengesetzte Belastungen lassen sich die Konstantenbeziehungen ebenfalls anschreiben:

4. radiale und tangentiale Belastung:

$$\begin{aligned} A_1 + \mathfrak{B}_1 &= 0 \\ B_1 - \mathfrak{A}_1 &= 0 \\ \mathfrak{A}_0 &= 0. \end{aligned} \qquad (38)$$

5. tangentiale und Momentenbelastung:

$$\begin{aligned} \mathfrak{A}_0 + \mathrm{A}_0 &= 0 \\ \mathfrak{A}_1 &= 0 \\ \mathfrak{B}_1 &= 0. \end{aligned} \qquad (39)$$

6. radiale, tangentiale und Momentenbelastung:

$$\begin{aligned} A_1 + \mathfrak{B}_1 &= 0 \\ B_1 - \mathfrak{A}_1 &= 0 \\ \mathfrak{A}_0 + \mathrm{A}_0 &= 0. \end{aligned} \qquad (40)$$

Von diesen Beziehungen wird im folgenden Gebrauch gemacht. Gleichgewicht der Belastung besteht immer, wenn nur Glieder mit der Ordnungszahl $n > 2$ vorhanden sind.

e) Ungünstigste Belastungsfälle.

Mit diesen Ergebnissen lassen sich Rückschlüsse auf die einen Ausbau belastende ungünstigste Kräfteverteilung ziehen. Dabei wird angenommen, daß die größte Ordinate der Radialbelastung p^* bekannt ist. Für die ungünstigste Anstrengung des Ausbaues sind die größten Randspannungen maßgebend. In den folgenden Untersuchungen wird vorausgesetzt, daß Kräfte nur am äußeren Rand des Kreisringes wirken.

1. Radialkräfte.

Zunächst sei angenommen, daß der Ausbau einer im Gleichgewicht befindlichen Gruppe von Radialkräften standzuhalten habe. Nach (35) ist dann $A_1 = B_1 = 0$. Die Aufgabe besteht darin, diejenige Belastungsverteilung zu suchen, die die größte Randspannung in einem willkürlichen mit $\varphi = 0$ oder $\frac{\pi}{2}$ angenommenen Punkt ergibt. Da jedoch erfahrungsgemäß die Momente die Spannung stärker als die Längskräfte beeinflussen, soll zunächst die die größten Momente ergebende Lastverteilung aufgesucht werden. Wenn das positive Moment errechnet ist, kann das negative durch Superposition einer am ganzen Ring gleichmäßig verteilten und der negativen, das größte positive Moment erzeugenden Last errechnet werden.

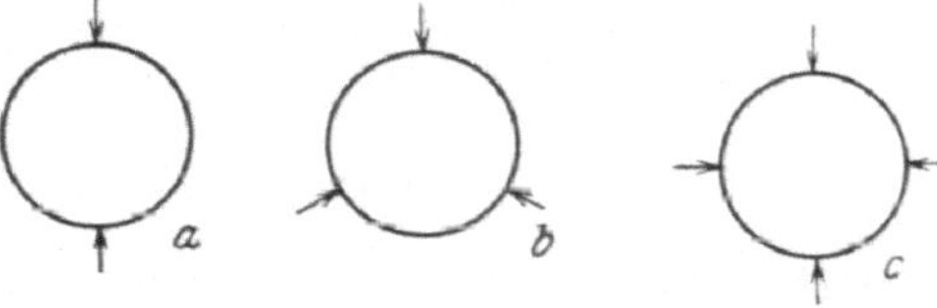

Abb. 22. Gleichgewichtssysteme am Kreisring.

Bei Betrachtung der am radial belasteten Kreisring möglichen Gleichgewichtssysteme, die durch die Resultierenden einzelner Lastgruppen in Abb. 22 dargestellt sind, ergibt sich ohne Rechnung, daß das System nach Abb. 22a die größten Momente ergeben muß, wenn p^*, wie angenommen, begrenzt ist. Zu diesen Resultierenden ist die Verteilung der Streckenlast zu suchen. Da der Nullstrahl des Koordinatensystems mit dem Querschnitt des größten positiven Moments zusammenfallen soll, fallen die ungeraden Glieder der Fourierreihe aus der Belastungsfunktion heraus, so daß eine reine Cosinusreihe entsteht. Außerdem wird A_1 wegen (35) Null.

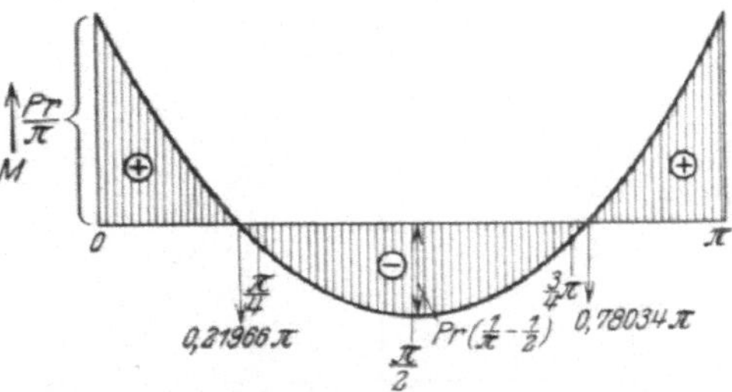

Abb. 23. Einflußlinie des Moments in $\varphi = 0$ für eine Doppelkraft $P = 1$ nach Abb. 22 a.

Die Momente für die Doppelkraft P am Kreisring werden nach

$$M = P \cdot r \left(\frac{1}{\pi} - \frac{1}{2} \sin \varphi \right) \qquad\qquad 0 \leqq \varphi \leqq \pi \qquad (41)$$

bestimmt. Die Momentenlinie ist gleichzeitig Einflußlinie des Moments in $\varphi = 0$ (Abb. 23). Die Wurzeln der Kurve, die die positiven von den negativen Beitragsstrecken scheiden, liegen bei

$$\varphi = \operatorname{arc} \sin \frac{2}{\pi} = \frac{0{,}21\,966\,\pi}{0{,}78\,034\,\pi} \cdot$$

Das größte Moment ergibt sich, wenn die positive oder negative Beitragsstrecke mit p^* belastet wird, also für eine unstetige Belastungsfunktion. Es beträgt für $\varphi = 0$

$$M = \pm\, 0{,}2105\, p^*\, r^2\,.$$

Der Ansatz für die unstetige Reihe $p\,(\varphi)$ mit einer veränderlichen Lastbreite von $\xi\,\dfrac{\pi}{4}$ beiderseits von $\varphi = 0$ und $\varphi = \pi$ ist

$$p = \frac{p^*\,\xi}{2} + \frac{2\,p^*}{\pi}\sum_1^\infty \frac{1}{n}\,\sin\left(\xi\,\frac{n}{2}\,\pi\right)\cos 2\,n\,\varphi\,. \qquad (42)$$

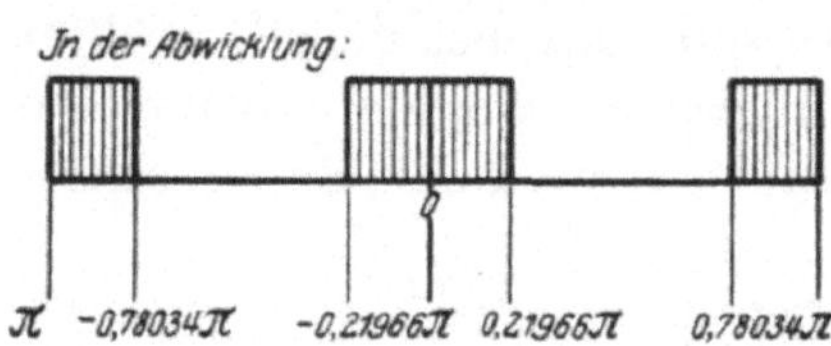

Abb. 24. Radialbelastung zur Ermittlung des größten Moments.

Er liefert mit $\xi = 0{,}8786$ entsprechend den Wurzeln der Einflußlinie (41) die Gleichung der das größte Moment in $\varphi = 0$ ergebenden Radialbelastung (Abb. 24). Wird ξ zwischen 0 und 2 variiert, so ergeben sich die zugeordneten Momente nach Abb. 25. Das Größtmoment unterscheidet sich nur unwesentlich von der zu $\xi = 1$ gehörigen Belastung:

$$p = \frac{p^*}{2} + \frac{2\,p^*}{\pi}\left\{\cos 2\,\varphi - \frac{1}{3}\cos 6\,\varphi + \frac{1}{5}\cos 10\,\varphi - \frac{1}{7}\cos 14\,\varphi + - \cdots\right\}. \qquad (43)$$

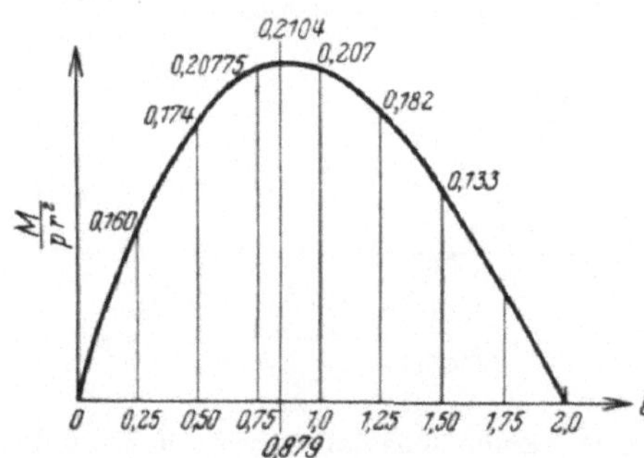

Abb. 25. Größtmomente für veränderliche Streckenlasten von $\xi\,\dfrac{\pi}{4}$ Breite beiderseits von $\varphi = 0$ und $\varphi = \pi$.

Im Gegensatz zu dieser Belastung wurde bisher im Bergbau eine Belastung nach einer Kosinusfunktion als ungünstigste Radialbelastung angenommen[1]. Die Untersuchung zeigt, daß bei Begrenzung der Lastfläche nach einer doppelt gekrümmten Kurve, im Extremfall also nach der angenommenen unstetigen Funktion größere Momente erhalten werden. Beispielsweise ergibt die Belastung nach R. Faerber (Abb. 26a)

nach einer Reihe entwickelt mit

$$p = \frac{2}{\pi}\,p^* + \frac{4}{\pi}\,p^*\left\{\frac{1}{3}\cos 2\,\varphi - \frac{1}{15}\cos 4\,\varphi + \frac{1}{35}\cos 6\,\varphi - + \cdots\right\} \qquad (44)$$

das Moment für $\varphi = 0$ zu

---

[1] Faerber, R.: Die Bedeutung des Eisenbetons für den Schachtausbau, Glückauf **1909**, 366.

$$M = \frac{4\,p^*}{\pi}\,r^2\left\{\frac{1}{3^2} - \frac{1}{15^2} + \frac{1}{35^2} - \frac{1}{63^2} + - \cdots\right\} = 0{,}1366\,p^*r^2 . \qquad (45)$$

Eine Belastungsfläche nach der Form einer quadratischen Parabel (Abb. 26 b) wird durch

$$p = \frac{2}{3}\,p^* + \frac{4\,p^*}{\pi^2}\left\{\cos 2\,\varphi - \frac{1}{4}\cos 4\,\varphi + \frac{1}{9}\cos 6\,\varphi - + \cdots\right\} \qquad (46)$$

dargestellt und ergibt als größte Schnittkraft

$$M = \frac{4\,p^*}{\pi^2}\,r^2\left\{\frac{1}{3} - \frac{1}{4\cdot 15} + \frac{1}{9\cdot 35} - \frac{1}{16\cdot 63} + - \cdots\right\} = 0{,}1295\,p^*r^2 . \qquad (47)$$

Im Gegensatz zu den einfach gekrümmten Belastungslinien ist bereits das Moment nach einer doppelt gekrümmten Linie (Abb. 26 c) bei kleinerer Gesamtlast wesentlich größer. Mit

$$p = \frac{p^*}{2}\,(1 + \cos 2\,\varphi) \qquad (48)$$

als Belastungsfunktion wird für $\varphi = 0$ erhalten

$$M = \frac{1}{6}\,p^*r^2 = 0{,}1667\,p^*r^2 . \qquad (49)$$

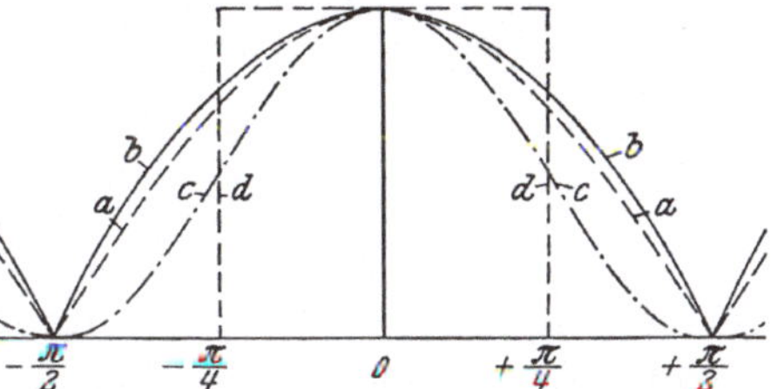

Abb. 26. Begrenzungslinien von Radial-belastungsbildern.

Die oben ermittelte Belastung (43), die annähernd das größte Moment

$$M = 0{,}207\,p^*\,r^2$$

ergibt, hat die Form nach Abb. 26 d. Es zeigt sich also, daß eine stetige Belastung verhältnismäßig kleine Momente ergibt, insbesondere, wenn die Belastungslinien einfach gekrümmt sind. Eine Unstetigkeit im Gebirgsdruck wird nur ausnahmsweise vorhanden sein. Daher kann der ermittelte Größtwert des Momentes unter Zugrundelegung einer Lastfläche mit $\xi = 1$ als unstetige Reihe mit Sprüngen in $\varphi = \pm\dfrac{\pi}{2}$ und $\varphi = \pm\dfrac{3}{2}\pi$ unbedenklich als ungünstigster angesehen werden.

Zur Beurteilung der größten Randspannungen wird, da nur die Glieder mit $n = 0$ und $n \geq 2$ in Betracht kommen, die Längskraft nach (23) und (24) angesetzt zu

$$N = A_0\,r - \frac{M}{r} .$$

Damit ergeben sich die Randspannungen bezogen auf die Breite $b = 1$ und die Konstruktionsstärke $d = \zeta\,r$ für einen rechteckigen Querschnitt zu

$$\sigma = \frac{A_0\,r - \dfrac{M}{r}}{\zeta\,r} \pm \frac{6\,M}{\zeta^2\,r^2}$$

$$\sigma = \frac{A_0}{\zeta} - \frac{M}{\zeta\,r^2} \pm \frac{6\,M}{\zeta^2\,r^2} . \qquad (50)$$

Die oberen Vorzeichen gelten für den äußeren, die unteren für den inneren Rand. Positive Spannungen sind hier Druckspannungen. Als ungünstigste Belastungsfunktion kommt eine unstetige Reihe nach (42) in Betracht. Sie ergibt die ungünstigsten Zug- und Druckrandspannungen am Innenrand bei $\varphi = 0$ bzw. π und $\varphi = \pm \dfrac{\pi}{2}$. Das Moment ergibt sich aus (9) zu

$$M = \pm \frac{2\,p^*\,r^2}{\pi} \sum_{1,\,2,\,3\ldots}^{\infty} \frac{1}{n\,((2\,n)^2 - 1)} \sin\left(\frac{\xi\,n\,\pi}{2}\right). \tag{51}$$

Wird der Beiwert $\dfrac{M}{p^*\,r^2}$ mit y bezeichnet und nach (42) $\dfrac{A_0}{p^*} = \dfrac{\xi}{2}$ gesetzt, so ergeben sich aus (50) die ungünstigsten Randspannungen zu

$$\frac{\sigma}{p^*} = \frac{1}{\zeta}\left(\frac{\xi}{2} - y\left(1 + \frac{6}{\zeta}\right)\right). \tag{52}$$

Die die Grenzwerte der Spannung erzeugende durch ξ nach (42) bestimmte Belastung ergibt sich für bestimmte Gewölbestärken ζ aus

$$\frac{d\left(\dfrac{\sigma}{p^*}\right)}{d\,\xi} = 0 = \frac{1}{2} \mp \left(1 + \frac{6}{\zeta}\right) \sum_{1,\,2\ldots}^{\infty} \frac{1}{(2\,n)^2 - 1} \cos\left(n\,\frac{\pi}{2}\,\xi\right). \tag{53}$$

Die Lösung erfolgt näherungsweise graphisch nach Abb. 27. Sie zeigt die Abhängigkeit der ungünstigsten radialen Ausbaubelastung von den

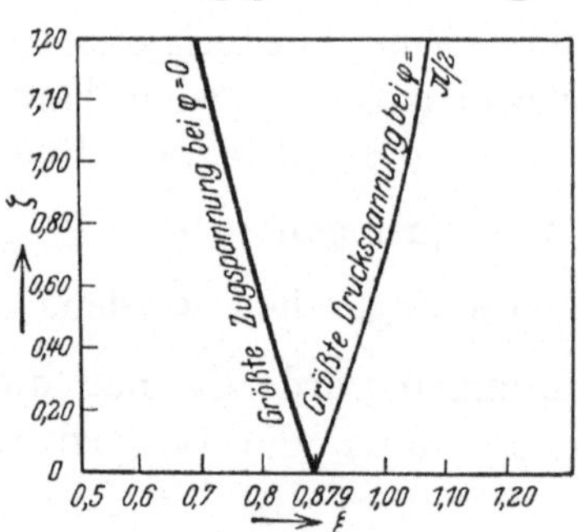

Abb. 27. Abhängigkeit der ungünstigsten Radialbelastung von den Konstruktionsstärken.

Konstruktionsstärken. Die das größte Moment liefernde Belastung (Abb. 24) wird ungünstigste Belastung im Idealfall $\zeta = 0$. Bei größeren Stärken ζ werden im Vergleich zur Belastung nach Abb. 24 die Grenzwerte der Zugspannungen durch kleinere, die der Druckspannungen durch größere symmetrisch zu $\varphi = 0$ und $\varphi = \pi$ liegenden Lastflächen erhalten. Da die Gewölbestärken überhaupt nur Werte zwischen 0 und 2 annehmen können und die gebräuchlichen ζ selten über 1 liegen werden, wird das ξ der ungünstigsten Laststellung bei den üblichen Dimensionen der Gewölbe nur in geringen Grenzen schwanken. Der Unterschied der Spannungswerte für diese Belastung gegenüber den aus einer mit $\xi = 1$ angenommenen Belastungsfläche ist sehr gering. Daher soll zur Vereinfachung und mit Rücksicht darauf, daß die angenommene Unstetigkeit des Druckes in der Natur nicht auftreten wird, die Belastung

(43) auch für die Randspannungen als ungünstigste Radialbelastung angesehen werden. Die Spannungen betragen:

$$\sigma_i{}^a = p^* \left(\frac{0{,}293}{\zeta} \pm \frac{1{,}242}{\zeta^2} \right)$$

$$\sigma_i{}^a = p^* \left(\frac{0{,}707}{\zeta} \mp \frac{1{,}242}{\zeta^2} \right)$$

$$(54)$$

2. Tangentialkräfte.

Wenn ein Ausbau mit einem Gebirge, das keine Zertrümmerungen aufweist, fest verbunden ist, werden Tangentialkräfte übertragen, so daß der Baustoff mindestens die Gesteinsfestigkeit besitzen muß. Der Deformationsdruck des Gebirges ist jedoch meist vor dem Einbringen des Ausbaues ganz oder doch teilweise ausgeglichen, daher werden auch die vom Ausbau aufzunehmenden Tangentialkräfte gemildert. Ist der Ausgleich nicht weit genug erfolgt, oder wird später eine Kraftwirkung am inneren Gesteinsring ausgelöst, welche das Gebirge zertrümmert, so kann auch der festeste Ausbau die großen Tangentialkräfte nicht ausgleichen und die Zerstörung des Gebirges aufhalten, ohne dabei selbst zu Bruch zu gehen.

Wir beschränken uns daher auf Gebirge, dessen Gefüge in der Nähe des Hohlraumes gelockert ist, so daß nach der Auskleidung kein elastischer Zusammenhang zwischen Ausbau und Gebirge besteht. In diesem Fall können Tangentialkräfte nur als Reibungskräfte auftreten, die proportional der Radialbelastung sind.

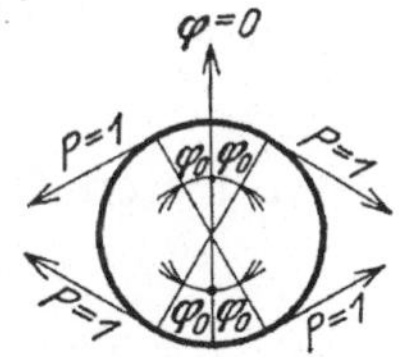

Abb. 28.

Um die ungünstigste Verteilung von Tangentialkräften zu suchen, wird die Einflußlinie für das ungünstigste Gleichgewichtssystem von Einzellasten, deren Lage durch φ_0 bestimmt ist, ermittelt (Abb. 28). Die Momente ergeben sich für die verschiedenen Bereiche zu:

$$M = r \left(\frac{2\varphi_0}{\pi} - 1 + \cos\varphi_0 \cos\varphi \right) \qquad 0 < \varphi < \varphi_0$$

$$M = r \left(\frac{2\varphi_0}{\pi} - \sin\varphi_0 \sin\varphi \right) \qquad \varphi_0 < \varphi < \pi - \varphi_0 \qquad (55)$$

$$M = r \left(\frac{2\varphi_0}{\pi} - 1 - \cos\varphi_0 \cos\varphi \right) \qquad \pi - \varphi_0 < \varphi < \pi$$

Die Gleichungen stellen gleichzeitig die Einflußlinie des Moments für die mit φ_0 veränderlichen Kräfte an den Stellen φ dar. Für $\varphi_0 \underset{>\pi}{\overset{>0}{\lessgtr}} \frac{\pi}{2}$ bzw. $\varphi_0 \underset{<\pi}{\overset{<}{\lessgtr}} \frac{\pi}{2}$ haben die Kraftvektoren die in der Abb. 28 gezeichnete Richtung, für $\varphi_0 \underset{<\pi}{\overset{>}{\lessgtr}} \frac{\pi}{2}$ bzw. $\varphi_0 \underset{<2\pi}{\overset{>}{\lessgtr}} \frac{3}{2}\pi$ die entgegengesetzte. Abb. 29 zeigt die

Momenteinflußlinie für $\varphi = 0$. Hieraus ergibt sich, daß diejenige Tangentialbelastung die größten Momente erzeugt, deren Kraftvektoren innerhalb eines Quadranten gleichen Richtungssinn haben. Nach Aufstellung der analytischen Form dieser Belastung

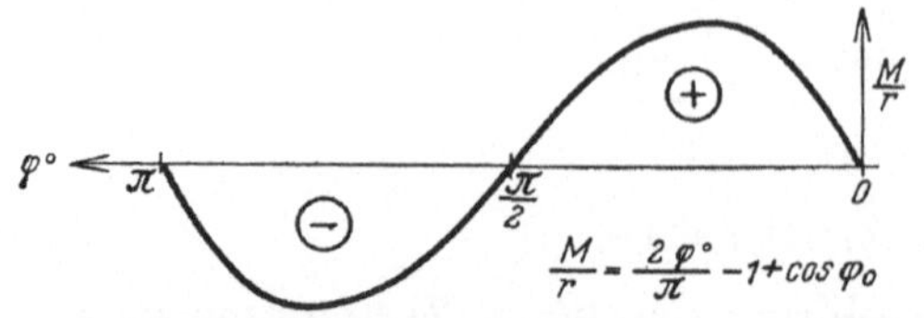

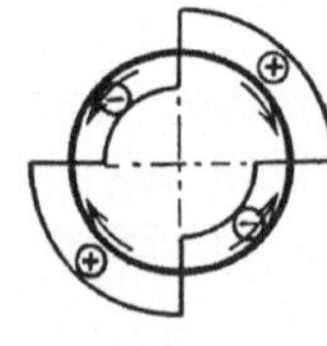

Abb. 29. Einflußlinie des Moments in $\varphi = 0$ für die Belastung nach Abb. 28.

$$p = \frac{4\,a}{\pi}\left(\frac{\sin 2\varphi}{1} + \frac{\sin 6\varphi}{3} + \frac{\sin 10\varphi}{5} + \cdots\right) \qquad (56)$$

mit den Bezeichnungen der Abb. 30 werden Moment und Längskraft nach (14) und (15) ermittelt. Für $\varphi = 0$ bzw. π ergibt sich

$$\mathfrak{M} = \pm\, a\,r^2\left(1 - \frac{\pi}{4}\right) = \pm\, 0{,}2146\, a\,r^2 \qquad (57)$$
$$\mathfrak{N} = \mp\, 1{,}140\, a\,r\,.$$

Wie bei der Radialbelastung gelten als größte Randspannungen diejenigen, die sich aus dem größten Moment und der zugehörigen Längskraft an der Stelle $\varphi = 0$ bzw. π und $\varphi = \pm\frac{\pi}{2}$ ergeben. Mathematisch exakt trifft dies nur für $\zeta = 0$ zu. Die Abweichungen für die gebräuchlichsten Konstruktionsstärken sind jedoch belanglos. Während für $\varphi = 0$ bzw. π die größte Zugbeanspruchung erhalten wird, ergibt sich die größte Druckbeanspruchung für $\varphi = \pm\frac{\pi}{2}$. Beide

Abb. 30.

Werte treten am Innenrand auf. Die Spannungen betragen:

$$\frac{\sigma}{a} = \pm\left(\frac{1{,}140}{\zeta} + \frac{1{,}288}{\zeta^2}\right). \qquad (58)$$

3. Tangential- und Momentenbelastung.

Die Tangentialkräfte wirken am äußeren Rand des Ringes, daher exzentrisch und treten mithin nur in Verbindung mit Streckenmomenten auf. Für eine Ringstärke $d = \zeta\, r$ ergeben sich bei der Tangentialbelastung p und der Momentenbelastung $q = \frac{1}{2}\,p\,\zeta\,r$ nach (14), (15), (19) und (20) die Momente und Längskräfte.

$$\mathfrak{M} + M = r^2\left\{\sum_{2,3,4\ldots}\mathfrak{A}_n\left(-\frac{n}{n^2-1} + \frac{1}{n} + \frac{\zeta}{2\,n}\right)\sin n\varphi \right.$$
$$\left. + \sum_{2,3,4\ldots}\mathfrak{B}_n\left(\frac{n}{n^2-1} - \frac{1}{n} - \frac{\zeta}{2\,n}\right)\cos n\varphi\right\} \qquad (59)$$

$$\mathfrak{N} + N = r\left\{\sum_{2,3,4\ldots}\mathfrak{A}_n\left(\frac{n}{n^2-1}\right)\sin n\varphi + \sum_{2,3,4\ldots}\mathfrak{B}_n\left(-\frac{n}{n^2-1}\right)\cos n\varphi\right\}, \qquad (60)$$

da die Glieder $n<2$ der Momenten- und Tangentialbelastung nach den Gleichgewichtsbedingungen (39) und infolge der Beziehungen zwischen Tangential- und Momentenbelastung Null sein müssen. Durch die zusätzliche Momentenbelastung werden für alle im Gleichgewicht befindlichen Belastungen die Momente der Tangentialbelastung verringert. Die Längskräfte bleiben unverändert. Dies ist aus (32) für die in Betracht kommenden Glieder $n>2$ zu ersehen. Durch Verbindung mit einer Momentenbelastung wird kein ungünstigerer Belastungsfall erhalten. Da beim Auftreten von Tangentialkräften immer gleichzeitig Streckenmomente vorhanden sind, kann der aus der kombinierten Belastung sich ergebende Lastfall als ungünstigster angesehen werden. Seine analytische Form ist

$$\left.\begin{aligned} \mathfrak{p} &= \frac{4\,a}{\pi} \sum_{1,3,5\ldots} \frac{\sin(2\,n\,\varphi)}{n}. \\[2mm] q &= \frac{2\,a\,\zeta\,r}{\pi} \sum_{1,3,5\ldots} \frac{\sin(2\,n\,\varphi)}{n}. \end{aligned}\right\} \qquad (61)$$

Nach (14) und (19) errechnet sich das Moment zu

$$\mathfrak{M} + \mathrm{M} = \pm \frac{4\,a\,r^2}{\pi} \sum_{1,3,5\ldots} \frac{1}{n}\left(\frac{2\,n}{(2\,n)^2-1} - \frac{1}{2\,n} - \frac{\zeta}{4\,n}\right)\cos 2\,n\,\varphi. \qquad (62)$$

Die Längskraft bleibt wie im Fall reiner Tangentialbelastung

$$\mathfrak{N} + \mathrm{N} = -\frac{8\,a\,r}{\pi}\left(\frac{1}{1\cdot 3}\cos 2\,\varphi + \frac{1}{5\cdot 7}\cos 4\,\varphi + \frac{1}{9\cdot 11}\cos 6\,\varphi + \cdots\right). \qquad (63)$$

Für $\varphi = 0$ bzw. $\frac{\pi}{2}$ werden Moment und Normalkraft

$$\mathfrak{M} + \mathrm{M} = \pm\left(0{,}2146 - \frac{\pi}{8}\,\zeta\right) a\,r^2$$

$$\mathfrak{N} + \mathrm{N} = \mp\,1{,}140\,a\,r.$$

Die größte Beanspruchung für Tangentialbelastung (58) vermindert sich um den Betrag $\dfrac{2{,}356\,a}{\zeta}$ und wird

$$\frac{\sigma}{a} = \mp \frac{1{,}216}{\zeta} + \frac{1{,}2876}{\zeta^2}. \qquad (64)$$

Die prozentuale Abminderung der auf die Ordinate a bezogenen Spannungswerte ist in Abb. 31 dargestellt.

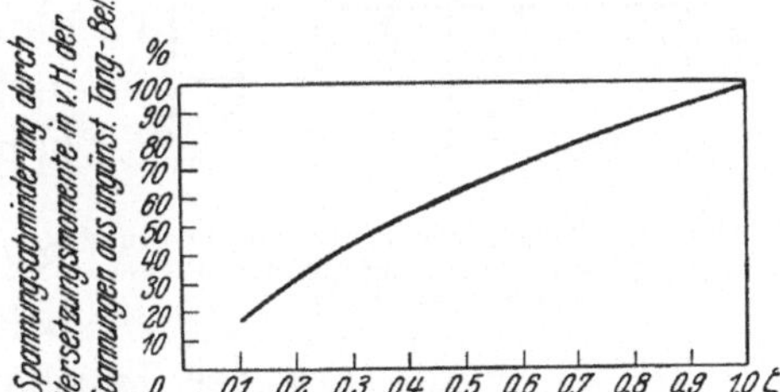

Abb. 31. Verminderung der Spannungen (58) durch die Versetzungsmomente.

Erst bei sehr großen Wandstärken können die von den Tangentialkräften ausgeübten Momente die Wirkung der Tangentialkräfte selbst aufheben.

4. Beziehungen zwischen den ungünstigsten Lastfällen.

Die ungünstigsten radialen und tangentialen Belastungen werden miteinander verglichen. Hierbei ist zunächst jede Belastung für sich im Gleichgewicht. Die Herstellung des Gleichgewichts für die Gesamtbelastung wird später erörtert.

Die tangentiale Belastung $\mathfrak{p}$ folgt als Reibungskraft in bekannter Weise unmittelbar aus der mit dem Reibungsbeiwert μ vervielfachten Radialbelastung p. Über ihre Richtung wird entschieden, daß sie ungünstigst im Sinne abnehmender Radialbelastung wirkt. Da zur gesuchten ungünstigsten Belastung immer eine Radialbelastung gehören wird, die aus zwei Gruppen mit diametralen Resultierenden besteht, und die ungünstigste Tangentialbelastung (56) innerhalb eines Quadranten gleichen Richtungssinn hat, sind bei der Ermittlung der Fourierkonstanten die Abschnitte von $\dfrac{\pi}{2}$ bis π und $\dfrac{3}{2}\pi$ bis 2π negativ zu nehmen. Allgemein wird

$$\mathfrak{A}_n\pi=\int\limits_{0}^{\pi/2} p\mu\cos n\varphi\,d\varphi+\int\limits_{\pi}^{\pi/2} p\mu\cos n\varphi\,d\varphi+\int\limits_{\pi}^{3/2\pi} p\mu\cos n\varphi\,d\varphi+\int\limits_{2\pi}^{3/2\pi} p\mu\cos n\varphi\,d\varphi \quad (65)$$

und entsprechend $\mathfrak{B}_n\pi$ mit $\sin n\varphi$. Das Absolutglied wird infolge Symmetrie der Belastung zu Null, wie es auch für das Gleichgewicht nach (38) erforderlich ist. Die neuen Koeffizienten $\mathfrak{A}_n$ und $\mathfrak{B}_n$ können durch Multiplikation der Zahlenwerte nachfolgender Tabelle 2 aus den $\dfrac{\mu}{\pi}$-fachen Konstanten A_n und B_n der Radialbelastung bestimmt werden.

Die $\mathfrak{A}_n$ erhalten keinen Beitrag durch die cos-Glieder der Radialbelastung, die $\mathfrak{B}_n$ keinen durch die sin-Glieder, da die entsprechenden Integrale Null werden. Einen Beitrag liefern nur die Glieder

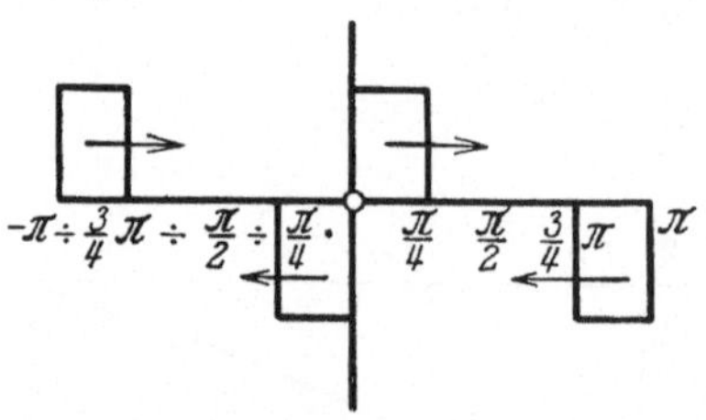

$$\int \sin mx \cos nx\,dx, \int \sin m\varkappa\,dx$$
$$\text{und} \int \cos mx\,dx,$$

die in der Tabelle 2 ausgewertet sind und deren Gesetzmäßigkeit hieraus erkannt werden kann.

Abb. 32. Belastungsbild der zur ungünstigsten Radialbelastung gehörigen Tangentialbelastung.

Beispielsweise kann die zur radialen Belastung $p = A_0$ gehörige Tangentialbelastung, die in (56) unmittelbar angeschrieben wurde, aus der Tabelle abgelesen werden:

$$\mathfrak{p} = \frac{p^*\mu}{\pi}\left(4\sin 2\varphi + \frac{12}{9}\sin 6\varphi + \frac{20}{25}\sin 10\varphi + \cdots\right)$$
$$= \frac{4\mu p^*}{\pi}\left(\frac{\sin 2\varphi}{1} + \frac{\sin 6\varphi}{3} + \frac{\sin 10\varphi}{5} + \cdots\right).$$

Zur ungünstigsten Radialbelastung (43) gehört die Tangentialbelastung nach Abb. 32

$$\mathfrak{p} = \frac{2\,p^*\mu}{\pi}\Big\{\sin 2\varphi + \frac{1}{\pi}\Big(\frac{8}{3} + \frac{8\cdot 1}{5\cdot 3} - \frac{8\cdot 1}{21\cdot 3} + - \cdots\Big)\sin 4\varphi$$

$$+ \frac{12}{9\cdot 4}\sin 6\varphi + \frac{1}{\pi}\Big(\frac{16}{15} - \frac{16\cdot 1}{7\cdot 3} - \frac{16\cdot 1}{9\cdot 5} + - + - \cdots\Big)\sin 8\varphi$$

$$+ \frac{20}{25\cdot 4}\sin 10\varphi + \frac{1}{\pi}\Big(\frac{24}{35} - \frac{24\cdot 1}{27\cdot 3} + \frac{24\cdot 1}{11\cdot 5} + - + - \cdots\Big)\sin 12\varphi\Big\}.$$

$$+ \cdots\cdots\cdots + \cdots\cdots\cdots\cdots\cdots\cdots\cdots\cdots\cdots$$

Die Klammerwerte sind unendliche Reihen, deren Summen auszuwerten sind. Die Funktion $\mathfrak{p}\,(\varphi)$ wird in der Form

$$\mathfrak{p} = \frac{2\,p^*\mu}{\pi}\sum_{1,3,5\ldots}\frac{1}{n}\,(\sin 2\,n\,\varphi + \sin 4\,n\,\varphi) \qquad (66)$$

erhalten.

Wirken an einem Ausbau radiale und tangentiale Kräfte, sowie Streckenmomente gleichzeitig, so ist mit der Tangentialbelastung auch die Momentenbelastung wesentlich von der Reibungszahl μ abhängig. Daher ist im folgenden für die Beurteilung der ungünstigsten Spannung bei einer allgemeinen Belastung μ als variabel zu betrachten. Ist $\mu = 0$, so ist allein Radialbelastung vorhanden. Die Belastung (43) liefert als größte Spannungen die Ergebnisse (54). Bei großem μ tritt der Einfluß des Momentes infolge der unstetigen Radialbelastung zurück. Ein höherer Spannungswert kann auch bei einer größeren Radialbelastungsfläche, welche kleinere Momente ergibt, auftreten. Der Grenzwert ist die radiale Vollbelastung des Ringes, die das Auftreten der größten Tangentialkräfte ermöglicht. Demnach ist bei einem vorgelegten μ eine ausgezeichnete unstetige Radialbelastung mit Sprüngen zwischen $\pm\frac{\pi}{4}$ und $\pm\frac{\pi}{2}$ bzw. $\pm\frac{\pi}{2}$ und $\pm\frac{3}{4\pi}$ vorhanden, welche zu den ungünstigsten Spannungen führt. Es erübrigt sich, diese Grenzwerte festzustellen. Bei der Unsicherheit von μ genügt die Kenntnis desjenigen Wertes, für den die ungünstigste Radialbelastung (43) mit zugehöriger Tangentialbelastung (62) ihre Bedeutung für die Beurteilung der größten Spannung verliert und dafür die radiale Vollbelastung $p = A_0$ mit der zugehörigen Tangentialbelastung nach (56) zu wählen ist. Die erste Belastung sei mit Fall I, die zweite mit Fall II bezeichnet. Um die Spannung für beide Fälle anzugeben, werden noch die Grenzwerte der Spannungen der Tangentialbelastung (62) und der Radialbelastung aus $p = A_0$ ermittelt. Für die tangentiale Belastung nach I ergeben sich aus (66) nach Errechnung der Momente und Normalkräfte nach (14) und (15)

$$\mathfrak{M} = \frac{2\,p^*\mu}{\pi}\,r^2\Big\{\sum_{1,3,5\ldots}\frac{1}{n}\Big(\frac{2\,n}{(2\,n)^2-1} - \frac{1}{2\,n}\Big)\cos 2\,n\,\varphi$$

$$+ \sum_{1,3,5\ldots}\frac{1}{n}\Big(\frac{4\,n}{(4\,n)^2-1} - \frac{1}{4\,n}\Big)\cos 4\,n\,\varphi\Big\} \qquad (67)$$

Tabelle 2.

		—	$\mathfrak{A}_1$	$\mathfrak{A}_2$	$\mathfrak{A}_3$	$\mathfrak{A}_4$	$\mathfrak{A}_5$	$\mathfrak{A}_6$	$\mathfrak{A}_7$	$\mathfrak{A}_8$	$\mathfrak{A}_9$	$\mathfrak{A}_{10}$	$\mathfrak{A}_{11}$	$\mathfrak{A}_{12}$	$\mathfrak{A}_{13}$	$\mathfrak{A}_{14}$	$\mathfrak{A}_{15}$	$\mathfrak{A}_{16}$	$\mathfrak{A}_{17}$	$\mathfrak{A}_{18}$	$\mathfrak{A}_{19}$	$\mathfrak{A}_{20}$	$\mathfrak{A}_{21}$	$\mathfrak{A}_{22}$
		A_0	A_1	A_2	A_3	A_4	A_5	A_6	A_7	A_8	A_9	A_{10}	A_{11}	A_{12}	A_{13}	A_{14}	A_{15}	A_{16}	A_{17}	A_{18}	A_{19}	A_{20}	A_{21}	A_{22}
A_0	—	O	O	O	O	O	O	O	O	O	O	O	O	O	O	O	O	O	O	O	O	O	O	O
A_1	$\mathfrak{A}_1$	O	O	O	O	O	O	O	O	O	O	O	O	O	O	O	O	O	O	O	O	O	O	O
A_2	$\mathfrak{A}_2$	O	O	O	O	O	O	O	O	O	O	O	O	O	O	O	O	O	O	O	O	O	O	O
A_3	$\mathfrak{A}_3$	O	O	O	O	O	O	O	O	O	O	O	O	O	O	O	O	O	O	O	O	O	O	O
$\vdots$	$\vdots$	$\vdots$	$\vdots$	$\vdots$	$\vdots$	$\vdots$	$\vdots$	$\vdots$	$\vdots$	$\vdots$	$\vdots$	$\vdots$	$\vdots$	$\vdots$	$\vdots$	$\vdots$	$\vdots$	$\vdots$	$\vdots$	$\vdots$	$\vdots$	$\vdots$	$\vdots$	$\vdots$
$\vdots$	$\vdots$	$\vdots$	$\vdots$	$\vdots$	$\vdots$	$\vdots$	$\vdots$	$\vdots$	$\vdots$	$\vdots$	$\vdots$	$\vdots$	$\vdots$	$\vdots$	$\vdots$	$\vdots$	$\vdots$	$\vdots$	$\vdots$	$\vdots$	$\vdots$	$\vdots$	$\vdots$	$\vdots$
B_1	$\mathfrak{B}_1$	O	O	O	-2	O	$+\frac{2}{3}$	O	$-\frac{2}{3}$	O	$+\frac{2}{5}$	O	$-\frac{2}{5}$	O	$+\frac{2}{7}$	O	$-\frac{2}{7}$	O	$+\frac{2}{9}$	O	$-\frac{2}{9}$	O	$+\frac{2}{11}$	O
B_2	$\mathfrak{B}_2$	$+4$	O	O	O	$-\frac{4}{3}$	O	O	O	$-\frac{4}{15}$	O	O	O	$-\frac{4}{35}$	O	O	O	$-\frac{4}{63}$	O	O	O	$-\frac{4}{99}$	O	O
B_3	$\mathfrak{B}_3$	O	$+2$	O	O	O	-2	O	$+\frac{2}{5}$	O	$-\frac{2}{3}$	O	$+\frac{2}{7}$	O	$-\frac{2}{5}$	O	$+\frac{2}{9}$	O	$-\frac{2}{7}$	O	$+\frac{2}{11}$	O	$-\frac{2}{9}$	O
B_4	$\mathfrak{B}_4$	O	O	$+\frac{8}{3}$	O	O	O	$-\frac{8}{5}$	O	O	O	$-\frac{8}{21}$	O	O	O	$-\frac{8}{45}$	O	O	O	$-\frac{8}{77}$	O	O	O	$-\frac{8}{117}$
B_5	$\mathfrak{B}_5$	O	$+\frac{2}{3}$	O	$+2$	O	O	O	-2	O	$+\frac{2}{7}$	O	$-\frac{2}{3}$	O	$+\frac{2}{9}$	O	$-\frac{2}{5}$	O	$+\frac{2}{11}$	O	$-\frac{2}{7}$	O	$+\frac{2}{13}$	O
B_6	$\mathfrak{B}_6$	$+\frac{12}{9}$	O	O	O	$+\frac{12}{5}$	O	O	O	$-\frac{12}{7}$	O	O	O	$-\frac{12}{27}$	O	O	O	$-\frac{12}{55}$	O	O	O	$-\frac{12}{91}$	O	O

O	$-\frac{16}{105}$	O	O	O	$-\frac{24}{85}$	O	O	O	$-\frac{32}{57}$	O	O	O	$-\frac{40}{21}$	O
$-\frac{2}{7}$	O	$+\frac{2}{15}$	O	$-\frac{2}{5}$	O	$+\frac{2}{17}$	O	$-\frac{2}{3}$	O	$+\frac{2}{19}$	O	-2	O	O
O	O	O	$-\frac{20}{75}$	O	O	O	$-\frac{28}{51}$	O	O	O	$-\frac{36}{19}$	O	O	O
$+\frac{2}{13}$	O	$-\frac{2}{5}$	O	$+\frac{2}{15}$	O	$-\frac{2}{3}$	O	$+\frac{2}{17}$	O	-2	O	O	O	$+2$
O	$-\frac{16}{65}$	O	O	O	$-\frac{24}{45}$	O	O	O	$-\frac{32}{17}$	O	O	O	$+\frac{40}{19}$	O
$-\frac{2}{5}$	O	$+\frac{2}{13}$	O	$-\frac{2}{3}$	O	$+\frac{2}{15}$	O	-2	O	O	O	$+2$	O	$+\frac{2}{19}$
O	O	O	$-\frac{20}{39}$	O	O	O	$-\frac{28}{15}$	O	O	O	$+\frac{36}{17}$	O	O	O
$+\frac{2}{11}$	O	$-\frac{2}{3}$	O	$+\frac{2}{13}$	O	-2	O	O	O	$+2$	O	$+\frac{2}{17}$	O	$+\frac{2}{3}$
O	$-\frac{16}{33}$	O	O	O	$-\frac{24}{13}$	O	O	O	$+\frac{32}{15}$	O	O	O	$+\frac{40}{51}$	O
$-\frac{2}{3}$	O	$+\frac{2}{11}$	O	-2	O	O	O	$+2$	O	$+\frac{2}{15}$	O	$+\frac{2}{3}$	O	$+\frac{2}{17}$
O	O	O	$-\frac{20}{11}$	O	O	O	$+\frac{28}{13}$	O	O	O	$+\frac{36}{45}$	O	O	O
$+\frac{2}{9}$	O	-2	O	O	O	$+2$	O	$+\frac{2}{13}$	O	$+\frac{2}{3}$	O	$+\frac{2}{15}$	O	$+\frac{2}{5}$
O	$-\frac{16}{9}$	O	O	O	$+\frac{24}{11}$	O	O	O	$+\frac{32}{39}$	O	O	O	$+\frac{40}{75}$	O
-2	O	O	O	$+2$	O	$+\frac{2}{11}$	O	$+\frac{2}{3}$	O	$+\frac{2}{13}$	O	$+\frac{2}{5}$	O	$+\frac{2}{15}$
O	O	O	$+\frac{20}{9}$	O	O	O	$+\frac{28}{33}$	O	O	O	$+\frac{36}{65}$	O	O	O
O	O	$+2$	O	$+\frac{2}{9}$	O	$+\frac{2}{3}$	O	$+\frac{2}{11}$	O	$+\frac{2}{5}$	O	$+\frac{2}{13}$	O	$+\frac{2}{7}$
O	$+\frac{16}{7}$	O	O	O	$+\frac{24}{27}$	O	O	O	$+\frac{32}{55}$	O	O	O	$+\frac{40}{91}$	O
$+2$	O	$+\frac{2}{7}$	O	$+\frac{2}{3}$	O	$+\frac{2}{9}$	O	$+\frac{2}{5}$	O	$+\frac{2}{11}$	O	$+\frac{2}{7}$	O	$+\frac{2}{13}$
O	O	O	$+\frac{20}{21}$	O	O	O	$+\frac{28}{45}$	O	O	O	$+\frac{36}{77}$	O	O	O
$+\frac{2}{5}$	O	$+\frac{2}{3}$	O	$+\frac{2}{7}$	O	$+\frac{2}{5}$	O	$+\frac{2}{9}$	O	$+\frac{2}{7}$	O	$+\frac{2}{11}$	O	$+\frac{2}{9}$
O	$+\frac{16}{15}$	O	O	O	$+\frac{24}{35}$	O	O	O	$+\frac{32}{63}$	O	O	O	$+\frac{40}{99}$	O
$+\frac{2}{3}$	O	$+\frac{2}{5}$	O	$+\frac{2}{5}$	O	$+\frac{2}{7}$	O	$+\frac{2}{7}$	O	$+\frac{2}{9}$	O	$+\frac{2}{9}$	O	$+\frac{2}{11}$
O	O	O	$+\frac{20}{25}$	O	O	O	$+\frac{28}{49}$	O	O	O	$+\frac{36}{81}$	O	O	O
$\mathfrak{B}_7$	$\mathfrak{B}_8$	$\mathfrak{B}_9$	$\mathfrak{B}_{10}$	$\mathfrak{B}_{11}$	$\mathfrak{B}_{12}$	$\mathfrak{B}_{13}$	$\mathfrak{B}_{14}$	$\mathfrak{B}_{15}$	$\mathfrak{B}_{16}$	$\mathfrak{B}_{17}$	$\mathfrak{B}_{18}$	$\mathfrak{B}_{19}$	$\mathfrak{B}_{20}$	$\mathfrak{B}_{21}$
B_7	B_8	B_9	B_{10}	B_{11}	B_{12}	B_{13}	B_{14}	B_{15}	B_{16}	B_{17}	B_{18}	B_{19}	B_{20}	B_{21}

$$\mathfrak{N} = -\frac{2\,p^*\,\mu}{\pi}\,r\left\{ \sum_{1,3,5\ldots} \frac{2\,n}{n\,[(2\,n)^2-1]}\cos 2\,n\,\varphi \right.$$

$$\left. + \sum_{1,3,5\ldots} \frac{4\,n}{n\,[(4\,n)^2-1]}\cos 4\,n\,\varphi \right\} \qquad (68)$$

und mit den Größtmomenten und zugehörigen Längskräften für $\varphi = 0$ und $\dfrac{\pi}{2}$

$$\mathfrak{M} = \pm\,0{,}11\,p^*\,\mu\,r^2$$

$$\mathfrak{N} = \left.\begin{array}{r} -0{,}6939 \\ +0{,}2953 \end{array}\right\}\,p^*\,\mu\,r$$

die Spannungen:

$$\varphi = 0 \qquad \frac{\sigma_a^{\,i}}{p^*} = -\frac{0{,}694\,\mu}{\zeta} \mp \frac{0{,}66\,\mu}{\zeta^2}$$

$$\varphi = \frac{\pi}{2} \qquad \frac{\sigma_a^{\,i}}{p^*} = +\frac{0{,}295\,\mu}{\zeta} \pm \frac{0{,}66\,\mu}{\zeta^2}. \qquad (69)$$

Die Radialbelastung des Falles II erzeugt für alle Querschnittspunkte die Spannung $\dfrac{\sigma}{p^*} = \dfrac{1{,}00}{\zeta}$.

Durch Superpositionen der Spannungen aus Radial-, Tangential- und Momentenbelastung ergeben sich die in nachfolgender Tabelle 3 aufgeführten Randspannungen. Als ungünstigste Druckspannung erweist sich bei Lastfall I die äußere und bei Lastfall II die innere Randspannung für $\varphi = \dfrac{\pi}{2}$. Für die größte Zugspannung nach I ist die innere Randspannung bei $\varphi = 0$ und die äußere bei $\varphi = \dfrac{\pi}{2}$ maßgebend. Beide überschneiden sich infolge der bei $\varphi = 0$ und $\varphi = \dfrac{\pi}{2}$ verschieden großen Wirkung der Versetzungsmomente. Bei II hat der Innenrand an der Stelle $\varphi = 0$ die größte Zugspannung.

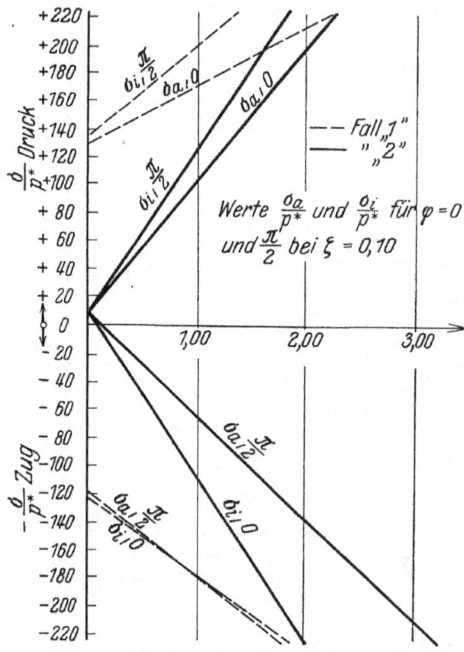

Abb. 33. Die bezogenen Spannungen $\dfrac{\sigma}{p^*}$ nach Fall I und II für eine Konstruktionsstärke $\zeta = 0{,}10$ in Abhängigkeit von der Reibungsziffer.

In Abb. 33 sind die größten Spannungen in Abhängigkeit von μ für $\zeta = 0{,}10$ aufgetragen. Hieraus geht der Einfluß der Reibungszahl auf den Spannungszustand eines Ausbaues hervor. Der Fall der reinen Radialbelastung ist in der Abb. 33 enthalten und erledigt sich mit $\mu = 0$. Mit zunehmendem μ werden in beiden Fällen Zug- und Druckspannungen durch wachsende Tangentialkräfte vergrößert. Die Versetzungsmomente verringern deren Wirkung, ohne sie jedoch selbst bei großen in der Ausführung noch möglichen Wandstärken aufzuheben. Da sich die Schaulinien der größten Spannungen für I und II überschneiden, lassen sich bei Vollbelastung des Kreisringes in Verbindung mit Tangentialkräften aus hohen Reibungsziffern noch höhere Spannungen erwarten als bei der ungünstigsten Radialbelastung mit Tangentialbelastung. Für die Wahl der Ausbaustärken ergeben sich damit neue Gesichtspunkte. Eine Herabsetzung von μ bedeutet eine Verminderung der Ausbaustärke und damit eine bessere Wirtschaftlichkeit des Ausbaues.

Tabelle 3.

$\dfrac{\sigma}{p^*} =$	Rad.-Bel.	Tang.-Bel.	Mom.-Bel.	Gesamt
Fall I $\varphi = 0$				
innen	$+\dfrac{0,29}{\zeta} - \dfrac{1,26}{\zeta^2}$	$-\dfrac{0,695\,\mu}{\zeta} - \dfrac{0,66\,\mu}{\zeta^2}$	$+\dfrac{1,766\,\mu}{\zeta}$	$\dfrac{0,29 + 1,071\,\mu}{\zeta} - \dfrac{1,26 + 0,66\,\mu}{\zeta^2}$
außen	$+\dfrac{0,29}{\zeta} + \dfrac{1,26}{\zeta^2}$	$-\dfrac{0,695\,\mu}{\zeta} + \dfrac{0,66\,\mu}{\zeta^2}$	$-\dfrac{1,766\,\mu}{\zeta}$	$\dfrac{0,29 - 2,46\,\mu}{\zeta} + \dfrac{1,26 + 0,66\,\mu}{\zeta^2}$
$\varphi + \dfrac{\pi}{2}$				
innen	$+\dfrac{0,71}{\zeta} + \dfrac{1,26}{\zeta^2}$	$+\dfrac{0,295\,\mu}{\zeta} + \dfrac{0,66\,\mu}{\zeta^2}$	$-\dfrac{0,33\,\mu}{\zeta}$	$\dfrac{0,71 - 0,035\,\mu}{\zeta} + \dfrac{1,26 + 0,66\,\mu}{\zeta^2}$
außen	$+\dfrac{0,71}{\zeta} - \dfrac{1,26}{\zeta^2}$	$+\dfrac{0,295\,\mu}{\zeta} - \dfrac{0,66\,\mu}{\zeta^2}$	$+\dfrac{0,33\,\mu}{\zeta}$	$\dfrac{0,71 + 0,625\,\mu}{\zeta} - \dfrac{1,26 + 0,66\,\mu}{\zeta^2}$
Fall II $\varphi = 0$				
innen	$+\dfrac{1,00}{\zeta}$	$-\dfrac{1,14\,\mu}{\zeta} - \dfrac{1,29\,\mu}{\zeta^2}$	$+\dfrac{2,36\,\mu}{\zeta}$	$\dfrac{1,00 + 1,22\,\mu}{\zeta} - \dfrac{1,29\,\mu}{\zeta^2}$
außen	$+\dfrac{1,00}{\zeta}$	$-\dfrac{1,14\,\mu}{\zeta} + \dfrac{1,29\,\mu}{\zeta^2}$	$-\dfrac{2,36\,\mu}{\zeta}$	$\dfrac{1,00 - 3,50\,\mu}{\zeta} + \dfrac{1,29\,\mu}{\zeta^2}$
$\varphi + \dfrac{\pi}{2}$				
innen	$+\dfrac{1,00}{\zeta}$	$+\dfrac{1,14\,\mu}{\zeta} + \dfrac{1,29\,\mu}{\zeta^2}$	$-\dfrac{2,36\,\mu}{\zeta}$	$\dfrac{1,00 - 1,22\,\mu}{\zeta} + \dfrac{1,29\,\mu}{\zeta^2}$
außen	$+\dfrac{1,00}{\zeta}$	$+\dfrac{1,14\,\mu}{\zeta} - \dfrac{1,29\,\mu}{\zeta^2}$	$+\dfrac{2,36\,\mu}{\zeta}$	$\dfrac{1,00 + 3,50\,\mu}{\zeta} - \dfrac{1,29\,\mu}{\zeta^2}$

Da die zur Ermittlung der ungünstigsten Belastung oben verwendeten Belastungsfunktionen nur die Glieder $n \geq 2$ und das Absolutglied der Radialbelastung enthielten, ist jede aus diesen Belastungen superponierte neue Belastung im Gleichgewicht. Nach den Gleichgewichtsbedingungen (40) sind noch weitere Gleichgewichtsfälle bei zusammengesetzten Belastungen möglich, deren Funktion die Absolutglieder und die Glieder mit der Ordnungszahl 1 aller drei Belastungsarten enthalten können. Bei der Abhängigkeit der Momentenbelastung von der Tangentialbelastung ergeben sich jedoch Einschränkungen. Das A_0 der Momentenbelastung und das $\mathfrak{A}_0$ der Tangentialbelastung sind immer Null, da beide Belastungen verhältnisgleich sind. Anders kann die dritte der Gleichungen (40) $A_0 + \mathfrak{A}_0 = 0$ nicht erfüllt sein. A_0 ist für sich im Gleichgewicht. Kommen Glieder mit der Ordnungsziffer $n = 1$ vor, so müssen zwischen ihnen nach (40) folgende Beziehungen bestehen:

$$A_1 + \mathfrak{B}_1 = 0$$

$$B_1 - \mathfrak{A}_1 = 0$$

Hieraus lassen sich vier Kombinationen ableiten, von denen eine, mit der alle Glieder Null sind, durch die früheren Ausführungen erledigt ist. Im übrigen gilt

$$\alpha)\ A_1 = -\mathfrak{B}_1 \qquad \beta)\ A_1 = \mathfrak{B}_1 = 0 \qquad \gamma)\ A_1 = -\mathfrak{B}_1$$
$$B_1 = \mathfrak{A}_1 = 0 \qquad B_1 = \mathfrak{A}_1 \qquad B_1 = \mathfrak{A}_1 \qquad (70)$$

Fall β wird aus Fall α durch Drehung des Koordinatensystems entwickelt. Der letzte Fall ergibt sich durch Addition der beiden anderen. Fall α stellt einen selbständigen Gleichgewichtsfall dar, der jeder anderen im Gleichgewicht befindlichen Belastung überlagert werden kann. Der Spannungsnachweis wird geführt, ohne daß untersucht wird, ob derartige Tangentialkräfte bei ihrer Abhängigkeit von der Radialbelastung auftreten kön-

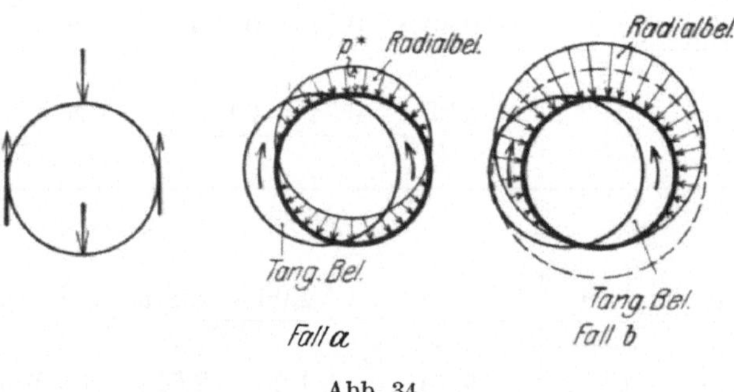

Abb. 34.

nen. Die Berechnung entscheidet, ob dieser Belastungsfall in einem Ausbau als selbständiger Fall bei gegebener Belastungsordinate p^* größere Beanspruchung erzeugen kann, als die früher ermittelten Belastungen, oder ob er mit anderen für sich im Gleichgewicht befindlichen Belastungen zu einer Spannungserhöhung führt. Abb. 34a stellt die Belastung als Zusatzbelastung und Abb. 34b als selbständige Belastung dar, wobei eine gleichmäßige Radialbelastung überlagert ist, um radiale Kräfte am Innenrand zu vermeiden. Das Moment ist in beiden Fällen am ganzen Ring nach (23) und (27) Null. Im Fall a wird gesetzt $A_1 = p^*$ und im Fall b $A_1 = \dfrac{p^*}{2}$. Die Längskräfte errechnen sich zu

$$\text{Fall a)} \quad N + \mathfrak{N} = r\, p^* \cos \varphi$$

$$\text{Fall b)} \quad N + \mathfrak{N} = \frac{r\, p^*}{2}\,(1 + \cos \varphi). \tag{71}$$

Treten hierzu Versetzungsmomente, die proportional der Tangentialbelastung sind, so wird nach (52) auch hierdurch nicht das Moment, sondern nur die Längskraft beeinflußt. Sie lautet

$$N = A_1 \sin\varphi - B_1 \cos\varphi$$

und mit $A_1 = 0$ und $B_1 = -A_1 \cdot \dfrac{d}{2}$

ergibt sich

$$\text{Fall a):} \quad N - \frac{p^* d}{2}\cos\varphi \tag{72}$$

$$\text{Fall b):} \quad N = \frac{p^* d}{4}\cos\varphi \tag{73}$$

Die Spannungen betragen

$$\text{Fall a):} \quad \left.\begin{array}{l}\varphi = 0\\ \varphi = \pi\end{array}\right\}\frac{\sigma}{p^*} = \pm\left(\frac{1}{\zeta} + \frac{1}{2}\right) \tag{74}$$

$$\text{Fall b):} \quad \left.\begin{array}{l}\varphi = 0\\ \varphi = \pi\end{array}\right\}\frac{\sigma}{p^*} = \frac{1}{2\,\zeta} \pm \left(\frac{1}{2\,\zeta} + \frac{1}{4}\right) \tag{75}$$

Damit ist bewiesen, daß der Spannungszustand nur durch Längskräfte beeinflußt wird und daß keine ungünstigeren Randspannungen als nach Tabelle 3 erhalten werden. Allgemeine Belastungen aus p, $\mathfrak{p}$ und q, deren jede nicht für sich allein, sondern nur zusammen im Gleichgewicht sind, kommen also für die Beurteilung der ungünstigsten Spannungen nicht in Betracht.

f) Der Einfluß des passiven Gebirgsdruckes.

Nach den Erfahrungen aus dem Bergbau sind die an sich labilen Ausbauten wirtschaftlicher als die stabilen Systeme, da ihre Verformung groß genug ist, um sich gegen das Gebirge zu stützen. Der Widerstand wird als passiver Gebirgsdruck bezeichnet. Er vermindert die Biegungsspannungen des Ausbaues.

Auch die labilen Systeme können wie erwähnt als elastische Kreisringe betrachtet werden, wenn die Längskraft ein Fugenklaffen verhindert. Dies ist um so eher der Fall, je größer der passive Gebirgsdruck wird. Eine Untersuchung wird daher durchgeführt werden können, solange die Kreisform nach der Verformung annähernd erhalten bleibt. Ihre Bedeutung liegt naturgemäß bei der Unsicherheit der Konstanten des Gebirges in der allgemeinen Beurteilung der Beanspruchung eines Ausbaues bei passivem Druck.

Die ursprüngliche Belastung ohne passiven Druck sei

$$p_u = A_o + \sum \frac{A_n \cos n\,\varphi}{B_n \sin n\,\varphi}.$$

Nach den Betrachtungen über das Gleichgewicht kombinierter Belastungen kann eine Beschränkung auf die Glieder $n \geq 2$ erfolgen. Der Ausbau wird sich unter dieser Belastung gegen einen unbekannten Widerstand des Gebirges verformen. Diese Zusatzbelastung p_z kann proportional der durch $p_u + p_z$ erzeugten Ausbiegung angenommen werden und der Verhältnisbeiwert ist die bekannte Bettungsziffer[1]. Unter dieser Voraussetzung hat K. Effenberger[2] das Problem für spezielle Fälle mathematisch exakt gelöst. Die Annahme einer reinen Proportionalität zwischen Ausbiegung und endgültiger Belastung kann jedoch nicht befriedigen, vielmehr werden mit Rücksicht auf das den Ausbau rings umschließende Kontinuum Lastverteilung und Bettungsziffer voneinander abhängen. Daher wird Proportionalität zwischen Last und Ausbiegung bei der Belastungsfunktion nach einer Fourierreihe jeweils für die Glieder gleicher Ordnungszahl vorhanden sein. Der Verhältnisbeiwert soll für das n-te Glied der Reihe mit k_n bezeichnet werden. Die unbekannte Zusatzbelastung sei

$$p_z = \Sigma X_n \cos n\,\varphi + \Sigma Y_n \sin n\,\varphi \tag{76}$$

und wirke als reine Radialbelastung. Die endgültige Belastung ist dann

$$p_e = p_u + p_z. \tag{77}$$

Hierbei kann p_u eine radiale, tangentiale oder Momentenbelastung sein. Nach II c enthalten die Ansätze für die Momente, Längskräfte, Querkräfte und Ausbiegungen nur jeweils Glieder mit der gleichen Ordnungszahl wie die Belastungsfunktion. Daher wird auch die Zusatzbelastung nur Glieder von der Ordnung der ursprünglichen Belastung aufweisen. Die Ausbiegung infolge der noch unbekannten Last p_e läßt sich anschreiben. Jedes Glied mit dem dafür zuständigen k_n erweitert, beschreibt dann die Zusatzbelastung p_z. Hieraus lassen sich die Fourierkonstanten X_n und Y_n errechnen. Für eine radiale, tangentiale und Momentenbelastung als Ursprungsbelastung ergibt sich:

---

[1] Beyer, K.: Die Statik im Eisenbetonbau. Stuttgart **1927**, 22.

[2] Effenberger, K.: Der Druckwasserstollen, Josef Melan zum siebzigsten Geburtstag. Leipzig u. Wien 1923.

a) Radiale Ursprungsbelastung:

$$-\frac{r^4}{E\cdot J}\left|\sum \begin{matrix}+\left(\frac{1}{n^2-1}\right)^2 k_n\,(A_n+X_n)\,\cos n\varphi\\[2mm]+\left(\frac{1}{n^2-1}\right)^2 k_n\,(B_n+Y_n)\,\sin n\varphi\end{matrix}=\sum \begin{matrix}X_n\cos n\varphi\\[2mm]+Y_n\sin n\varphi\end{matrix}\right. \qquad (78)$$

$$\begin{matrix}X_n\\[2mm]Y_n\end{matrix}=-\frac{1}{\dfrac{E\cdot J\,(n^2-1)^2}{r^4\,k_n}+1}\cdot\begin{matrix}A_n\\[2mm]B_n\end{matrix}$$

b) Tangentiale Ursprungsbelastung:

$$\frac{r^4}{E\cdot J}\cdot\sum \begin{matrix}+\,\mathfrak{A}_n\cdot\dfrac{1}{n\,(n^2-1)^2}-Y_n\left(\dfrac{1}{n^2-1}\right)^2 k_n\,\sin n\varphi\\[2mm]+\,\mathfrak{B}_n\,\dfrac{-1}{n\,(n^2-1)^2}-X_n\left(\dfrac{1}{n^2-1}\right)^2 k_n\,\cos n\varphi\end{matrix}=\sum \begin{matrix}X_n\cos n\varphi\\[2mm]Y_n\sin n\varphi\end{matrix} \qquad (79)$$

$$X_n=-\frac{\mathfrak{B}_n}{\dfrac{E\cdot J\,n\,(n^2-1)^2}{k_n\cdot r^4}+n}$$

$$Y_n=+\frac{\mathfrak{A}_n}{\dfrac{E\cdot J\,n\,(n^2-1)^2}{k_n\,r^4}+n}$$

c) Momentenbelastung:

$$\frac{r^3}{E\cdot J}\cdot\sum \begin{matrix}-\,A_n\cdot\dfrac{1}{n\,(n^2-1)}-Y_n\cdot r\left(\dfrac{1}{n^2-1}\right)^2 k_n\cdot\sin n\varphi\\[2mm]+\,B_n\cdot\dfrac{1}{n\,(n^2-1)}-X_n\cdot r\left(\dfrac{1}{n^2-1}\right)^2 k_n\,\cos n\varphi\end{matrix}=\sum \begin{matrix}X_n\cos n\varphi\\[2mm]Y_n\sin n\varphi\end{matrix} \qquad (80)$$

$$X_n=\frac{B_n}{\dfrac{E\cdot J\,n\,(n^2-1)}{k_n\,r^3}+r\,\dfrac{n}{n^2-1}}$$

$$Y_n=\frac{-\,A_n}{\dfrac{E\cdot J\,n\,(n^2-1)}{k_n\cdot r^3}+r\,\dfrac{n}{n^2-1}}$$

In dieser Rechnung ist die Bettungsziffer k_n unbekannt. Ihre Größe kann aus den Kräften abgeschätzt werden, welche durch den Druck des nach außen verformten Ausbaues erzeugt, innerhalb einer gewissen Gebirgszone ihren Ausgleich finden müssen. Die Stärke dieser Zone ist unbekannt. Das Gebirge kann auf Grund der allseitigen Umschließung als elastischer homogener Körper betrachtet werden, dem ein bestimmter Elastizitätsmodul E' und eine Poissonsche Konstante m' zugeordnet sind. Nunmehr ist diejenige Radialbelastung am Innenrand einer Kreisringscheibe zu suchen, die einer gegebenen Verformung dieses Randes entspricht, oder es ist die zu einer gegebenen Last gehörige Verformung zu ermitteln.

Mit Hilfe der Airyschen Spannungsfunktion[1]

$$\mathfrak{F} = (\alpha \varrho^{n+2} + \beta \varrho^{2-n} + \gamma \varrho^{n} + \delta \varrho^{-n}) \begin{matrix} \sin n\varphi \\ \cos n\varphi \end{matrix} \qquad (81)$$

und den Randbedingungen

$$\text{Innenrand } \varrho = a: \qquad \sigma_r = -p \begin{matrix} \cos n\varphi \\ \sin n\varphi \end{matrix} \qquad \tau = 0$$

$$\text{Außenrand } \varrho = \xi a: \qquad \sigma_r = 0,$$

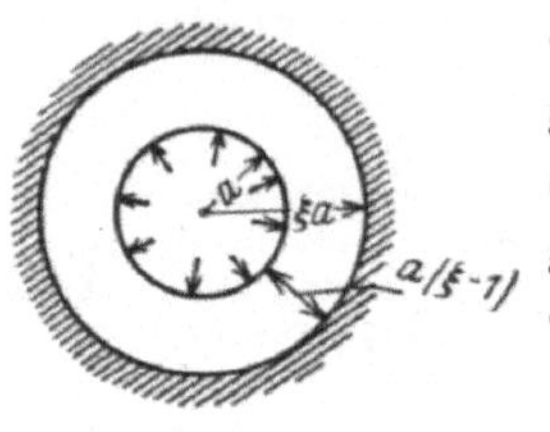

Abb. 35.

die die Koeffizienten α, β, γ, δ zu berechnen gestatten, läßt sich ein möglicher Spannungszustand darstellen, der den gestellten Forderungen genügt. Die Stärke des Kreisringes, in dem sich der Spannungsausgleich vollziehen soll, sei $a\,(\xi-1)$ (Abb. 35). Die radiale Verformung unter der angenommenen Last $p \begin{smallmatrix} \cos n\varphi \\ \sin n\varphi \end{smallmatrix}$ ergibt sich genau genug unter Annahme eines ebenen Spannungszustandes zu

$$\frac{\eth \varDelta \varrho}{\eth r} = \frac{1}{E'}\left(\sigma_r - \frac{1}{m}\sigma_t\right) \qquad (82)$$

und die Integrationskonstante errechnet sich aus der Bedingung, daß die Durchbiegung am Außenrand Null sein soll. Es ergeben sich folgende Werte:

$$\varDelta\varrho = \frac{1}{E'}\frac{\cos n\varphi}{\sin n\varphi}\Big[\alpha a^{n+1}(1-\xi^{n+1})\frac{1}{n+1}\Big(n+2-n^2-\frac{1}{m}(n^2+3n+2)\Big)$$

$$+\,\beta a^{-n+1}(1-\xi^{-n+1})\frac{1}{-n-1}\Big(2-n-n^2-\frac{1}{m}(2-3n+\mathrm{n}^2)\Big)$$

$$+\,\gamma a^{n-1}(1-\xi^{n-1})\frac{n-n^2}{n-1}\Big(1+\frac{1}{m}\Big)$$

$$+\,\delta a^{-n-1}(1-\xi^{-n-1})\frac{n+n^2}{n+1}\Big(1+\frac{1}{m}\Big)\Big] \qquad (83)$$

Die Konstanten α, β, γ, δ errechnen sich aus

$$\varDelta \cdot \alpha = -\,2\,p\,a^{-n-4}\{\xi^{-4}\cdot N_1 + \xi^{-2n-2}\cdot N_2 + \xi^{-2}\cdot N_5\}$$

$$\varDelta \cdot \beta = +\,2\,p\,a^{n-4}\{\xi^{-4}\cdot N_3 + \xi^{2n-2}\cdot N_4 - \xi^{-2}\cdot N_5\}$$

$$\varDelta \cdot \gamma = -\,2\,p\,a^{-n-2}\{-\,\xi^{0}\cdot N_3 - \xi^{-2n-2}\cdot N_4 + \xi^{-2}\cdot N_5\}$$

$$\varDelta \cdot \delta = +\,2\,p\,a^{n-2}\{-\,\xi^{0}\cdot N_1 - \xi^{2n-2}\cdot N_2 - \xi^{-2}\cdot N_5\}$$

$$\varDelta = \frac{4\cdot N_5}{a^4\,\xi^4}\{n^2(1+\xi^4) - \xi^2(\xi^{-2n}+\xi^{+2n}) + 2(1-n^2)\,\xi^2\}$$

---

[1] Föppl, A. u. L.: Drang und Zwang. Bd. 1, S. 310. München u. Berlin 1920.

worin

$$N_1 = -n + n^2 + n^3 - n^4$$
$$N_2 = -1 + n + n^2 - n^3$$
$$N_3 = -n - n^2 + n^3 + n^4$$
$$N_4 = +1 + n - n^2 - n^3$$
$$N_5 = (1 - n^2)^2$$

bedeuten. Da ansatzgemäß $k_n \varDelta \varrho = 1 \frac{\cos n\,\varphi}{\sin n\,\varphi}$ sein soll, ergibt sich für k_n:

$$k_n = \frac{1 \dfrac{\cos n\,\varphi}{\sin n\,\varphi}}{\varDelta \varrho} = \frac{E'}{a}\,k_n{}'$$

wobei $\frac{1}{k_n{}'}$ der in der eckigen Klammer von (83) enthaltene Beiwert von a ist. Der Wert $k_n{}'$ hat die Bedeutung einer Verhältniszahl des Gebirgswiderstandes für die einzelnen in der Fourierreihe übereinandergelagerten Lastgruppen. Er hängt von dem Halbmesser $\xi\,a$ ab. Abb. 36 zeigt

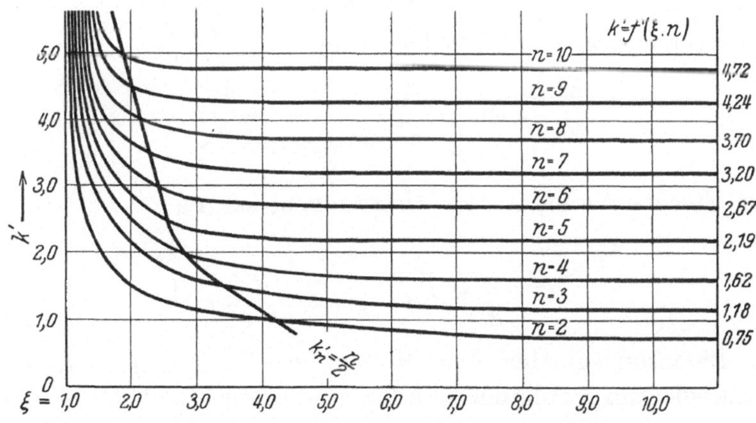

Abb. 36. $k_n{}'$ als Funktion der Ringstärke ξ für die Ordnungszahlen $n=2$ bis $n=10$.

den Verlauf von $k_n{}'$ für die einzelnen n mit wachsendem Halbmesser der Ausgleichzone. Bei verschwindender Ringstärke ξ konvergiert der Wert gegen ∞. Von $\xi = 2$ an nimmt er mit wachsendem ξ langsam ab und strebt für jedes n einem konstanten Wert zu. Für sehr große n beträgt er $\frac{n}{2}$. Die unbekannte Zonenstärke ξ, innerhalb der sich der Spannungsausgleich vollziehen soll, ist wahrscheinlich auch für die verschiedenen Glieder der Belastungsfunktion verschieden. Es genügt daher $k_n{}' = \frac{n}{2}$ zu setzen, d. h. anzunehmen, daß der Spannungsausgleich sich in der durch die Kurve $k_n{}' = \frac{n}{2}$ der Abb. 36 begrenzten Zone vollzieht. Diese Festsetzung genügt solange, als man für die E' auf

Schätzungen angewiesen ist. Liegen hierfür einwandfreie Werte aus Versuchen vor, so steht nichts im Wege, sicherheitshalber mit dem kleinstmöglichen k_n' bei $\xi = \infty$ zu rechnen. Diese weichen nur für kleine n vom Wert $k_n' = \dfrac{n}{2}$ merklich ab. Da aber, wie später ersichtlich ist, in der Belastungsfunktion gerade die Glieder mit niedriger Ordnungszahl für die Entwicklung des passiven Gebirgsdruckes ausschlaggebend sind, kann der Kleinstwert von k_n' dann Bedeutung gewinnen, wenn E' sicher bestimmt ist. Zur Vereinfachung wird im folgenden der Radius a des Innenrandes des Gebirges mit dem Radius der Achse des Ausbaues r gleichgesetzt: $a = r$.

Mit diesen Vereinfachungen wird $k_n = \dfrac{E' n}{2 r}$ und die Glieder der Zusatzbelastung (78) bis (80) erhalten mit $J = \dfrac{\zeta^3 r^3}{12}$ die Form

1. für radiale Ursprungsbelastung:

$$\frac{X_n}{Y_n} = -\frac{1}{\dfrac{E}{E'} \cdot \dfrac{\zeta^3}{6} \dfrac{(n^2-1)^2}{n} + 1} \frac{A_n}{B_n} \tag{84}$$

2. für tangentiale Ursprungsbelastung

$$\frac{X_n}{Y_n} = +\frac{1}{\dfrac{E}{E'} \cdot \dfrac{\zeta^3}{6} (n^2-1)^2 + n} \frac{B_n}{A_n} \tag{85}$$

3. für Streckenmomente als Ursprungsbelastung

$$\frac{X_n}{Y_n} = \pm \frac{1}{\dfrac{E}{E'} \dfrac{\zeta^3}{6} (n^2-1)\, r + \dfrac{n}{n^2-1}\, r} \frac{B_n}{A_n}. \tag{86}$$

Da die Belastungsglieder der Momentenbelastung jeweils von der Tangentialbelastung abhängen, können die Zusatzglieder geschrieben werden

$$\frac{X_n}{Y_n} = \pm \frac{\zeta}{\dfrac{E}{E'} \dfrac{\zeta^3}{12} (n^2-1) + \dfrac{1}{2} \dfrac{n}{n^2-1}} \frac{\mathfrak{B}_n}{\mathfrak{A}_n} \tag{87}$$

Durch die vorstehenden Untersuchungen ist die Bettungsziffer auf den Elastizitätsmodul E' des Gebirges zurückgeführt. Maßgebend für die Zusatzbelastung infolge passiven Gebirgsdruckes ist das Verhältnis der Elastizitätsziffern E und E'. Während E des Baustoffes als bekannt angenommen werden kann, muß E' geschätzt werden. Hierbei ist die Beschaffenheit des anschließenden Gebirges und der Versatzzone zu berücksichtigen. Proportionalität zwischen Belastung und Einsenkung wird im allgemeinen nicht angenommen werden können, da E' von der Verdichtung des Materials abhängt. Da aber die Zusatzbelastung die Gebirgsbeschaffenheit gegenüber der ursprünglichen Belastung weniger verändern wird, kann als E' die für das vorliegende Belastungsintervall gültige Konstante eingeführt werden. Zuverlässige Beträge E' werden bei der Verschiedenheit der Gebirgsstruktur nur aus Versuchen am Objekt selbst erwartet werden können.

Der passive Gebirgsdruck verringert die Amplituden der Radialbelastung. Die Glieder mit niederer Ordnungszahl erleiden eine größere Abminderung als die mit höherer. Nachdem die Fourierkonstanten infolge der Konvergenzbedingungen Nullfolgen bilden müssen, fallen die höheren Glieder nicht so bedeutend ins Gewicht als die niederen. Vollständige Überführung des radialen Druckes in gleichmäßige Belastung erfordert $\frac{E}{E'} = 0$, stellt also einen Idealfall dar, da ohne Durchbiegung kein passiver Druck auftreten kann und mithin stets eine gewisse Druckungleichförmigkeit vorhanden sein muß. Mit $\frac{E}{E'} = \infty$ bleibt die Wirkung des passiven Druckes aus. Bei Belastung durch Tangentialkräfte und Streckenmomente als Ursprungsbelastungen treten radial gerichtete Gegendrücke in solcher Verteilung am Kreisring auf, daß durch die Begrenzung der Ausbiegung des Ringes die Biegungsspannungen gemildert werden. Die durch den Widerstand des Gebirges auftretenden Zusatzlasten bewirken also für alle Belastungen eine Verringerung der Momente und eine Vergrößerung der Längskräfte. Da diese aber dem Ausbau weniger gefährlich sind, werden die endgültigen Randspannungen kleiner.

Inwieweit die Berücksichtigung des passiven Gebirgsdruckes zu einer Verringerung der Ausbaudimensionen führen kann, geht aus folgenden Überlegungen hervor. Den Ausgangspunkt bilden die unter Annahme einer größten Lastordinate für Radialbelastung aufgestellten ungünstigsten Lastfälle I und II. Die radial vorausgesetzten Zusatzkräfte verändern die Radialbelastungsfläche der Fälle I und II, so daß die angenommene Ordinate p^* an den nach innen ausweichenden Stellen des Kreisringes verringert wird und außerdem das aufgestellte Gesetz über die Abhängigkeit der Tangentialbelastung und damit auch der Momentenbelastung von der Radialbelastung nicht mehr erfüllt ist. Die durch die radialen Zusatzlasten möglichen Tangentialkräfte hätten in den Ansatz zur Ermittlung von X und Y einbezogen werden können. Zur Vereinfachung empfiehlt sich indessen, die Rechnung mit den ursprünglichen Kräften vorzunehmen, mit den sich hieraus ergebenden zu wiederholen und so schrittweise immer genauer die ungünstigsten Belastungen aufzusuchen. Die Belastung nach Fall I hat die Tendenz in eine nach Fall II überzugehen, bei der jedoch die ursprüngliche Ordinate p^* verkleinert wird. Handelt es sich um ein Gebirge, das durch passiven Druck einen annähernd vollständigen Ausgleich der

Radialbelastung nach I ermöglicht, oder ist bereits ohne passiven Druck der Lastfall II das Kriterium für die größten Randspannungen, so ergibt sich nach Ermittlung der Zusatzlasten für II eine Änderung der Richtung der Tangentialkräfte. Diese sollen nach Festsetzung in II e) 4) im Sinne abnehmender Radialbelastung wirken. Der Richtungswechsel widerspricht dem Sinn vorliegender Untersuchung, die die Ermittlung der ungünstigsten Lastfälle zum Ziel hat. Führt eine angenommene Lastgruppe ohne passiven Druck zu einem ungünstigsten Lastfall, so kann die Zusatzlast aus passivem Druck die allein von den Tangentialspannungen des Gebirges abhängigen Richtungen der Tangentialkräfte nicht ändern. Sie beeinflußt nur deren Größe. Daher wird sich bei einer Wiederholung der Rechnung mit den neuen jetzt günstiger verteilten und in gleicher Richtung wirkenden Tangentialkräften eine weitere Verringerung der Spannungen ergeben. Im allgemeinen wird es genügen, bei beiden Lastfällen die Rechnung mit der ursprünglichen Tangential- und Momentenbelastung durchzuführen, da den Reibungszahlen und besonders den Konstanten des Gebirges weit größere Ungenauigkeiten anhaften, als sich durch eine nochmalige Rechnung beseitigen lassen. Eine Korrektur des Ergebnisses wird durch die Abminderung der Radialbelastung erforderlich. Es wurde vorausgesetzt, daß die durch den passiven Druck in das Gebirge geleiteten Zusatzspannungen sich innerhalb einer bestimmten Zone ausgleichen, so daß die entfernteren Zonen hierdurch nicht berührt werden. Dies setzt indessen nur elastische Formänderungen des Gebirges voraus. Da damit gerechnet werden muß, daß Formänderungen von solcher Größe auftreten, die das Gleichgewicht des Gebirges wieder beeinflussen, kann auch die größte aktive Radialbelastungsordinate p^* wirksam bleiben. Infolgedessen soll sicherheitshalber eine proportionale Vergrößerung der endgültigen Belastungsordinaten vorgenommen werden, derart, daß bei beiden Lastfällen an den Stellen $\varphi = 0$ und π die Ordinate p^* vorhanden ist. Für die rechnerische Durchführung besteht die Einschränkung, daß die endgültigen Radialkräfte nicht negativ werden dürfen. Dieser Fall kann jedoch nur bei sehr großen Reibungszahlen beim ersten Rechnungsgang eintreten.

Ob die ungünstigsten Spannungen nach I oder II in Betracht kommen, hängt hauptsächlich von μ und ζ ab. Ist ohne passiven Druck bereits II zuständig, so ist die Zusatzbelastung nur für diesen Fall zu ermitteln. Bei Fall I ist festzustellen, ob nicht die zusätzlichen Tangentialkräfte zu endgültigen Belastungen führen, welche sich Fall II nähern. Im allgemeinen sind bei den vorkommenden Werten der Reibungszahlen für fertig eingebaute Konstruktionen die aus I sich ergebenden Randspannungen die gefährlichsten.

Um einen Begriff über die Größe der Spannungsabminderung zu

erhalten, wird für die Werte $\frac{E}{E'}\zeta^3 = 1{,}00$ und $\frac{E}{E'}\zeta^3 = 0{,}10$ die Spannungsermittlung für I vorgenommen. Bei den zur Anwendung kommenden Baustoffen entsprechen diese Werte sehr kleinen Elastizitätsmodulen des Gebirges. Die Auswertung erfolgt für ein E des Baustoffes von $250\,000\ \text{kg/cm}^2$ und für eine Wandstärke $\zeta = 0{,}10$. Damit werden die Spannungen des Ausbaues in einem Gebirge mit $E' = 250\ \text{kg/cm}^2$ und $E' = 2500\ \text{kg/cm}^2$ erhalten. Der Einfluß der Streckenmomente wird vernachlässigt. Aus der Belastung

$$p_u = \frac{p^*}{2} + \frac{2\,p^*}{\pi}\left\{ \sum_0 \frac{\cos(2+8n)\,\varphi}{1+4n} - \sum_0 \frac{\cos(6+8n)\,\varphi}{3+4n} \right\}$$

$$p_u = \frac{2\,p^*\mu}{\pi}\sum_{1,3,5\ldots}\frac{1}{n}\,(\sin 2n\varphi + \sin 4n\varphi)$$

ergibt sich nach (84) und (85) die Zusatzbelastung

$$p_z = -\frac{2\,p^*}{\pi}\left|\sum_{0,1,2\ldots}\frac{12\cos(2+8n)\,\varphi}{\frac{E}{E'}\frac{\zeta^3}{1}\,[(2+8n)^2-1]^2+12} - \sum_{0,1,2\ldots}\frac{12\cos(6+8n)\,\varphi}{\frac{E}{E'}\zeta^3\,[(6+8n)^2-1]^2+12}\right.$$

$$+\mu\left(\sum_{0,1,2\ldots}\frac{1}{1+2n}\cdot\frac{\cos(2+4n)\,\varphi}{\frac{E}{E'}\frac{\zeta^3}{6}\,[(2+4n)^2-1]^2+(2+4n)}\right.$$

$$\left.\left.+\sum_{0,1,2\ldots}\frac{1}{1+2n}\cdot\frac{\cos(4+8n)\,\varphi}{\frac{E}{E'}\frac{\zeta^3}{6}\,[(4+8n)^2-1]^2+(4+8n)}\right)\right|.$$

Momente und Längskräfte werden nach (9) und (10) ermittelt und die Zusatzspannungen hieraus errechnet. Diese mit den in Tabelle 3 angegebenen Spannungen aus Radial- und Tangentialbelastung zusammengesetzt sind in Abb. 37 in Abhängigkeit von μ aufgetragen. Sie ergeben gerade Linien. Zum Vergleich sind die Spannungen ohne Mitwirkung passiven Druckes, d. h. bei $E' = 0$, eingezeichnet. Um sichere Werte zu erhalten, sind diese Spannungen mit dem Faktor $\frac{p^*}{p^*+p_z}$ zu vervielfachen. Im vorliegenden Falle beträgt dieser Wert

$$\text{für } \frac{E}{E'}\zeta^3 = 100 : \frac{p^*}{p^*+p_z} = \frac{1}{1-(0{,}36+0{,}20\,\mu)}$$

$$\text{für } \frac{E}{E'}\zeta^3 = 0{,}10 : \frac{p^*}{p^*+p_z} = \frac{1}{1-(0{,}54+0{,}39\,\mu)}$$

Die erweiterten Spannungen ergeben die in Abb. 37 gezeichneten Kurven. Diese können für die Nachrechnung eines Ausbaues nur im Bereich sehr kleiner μ dienen. Schon bei einer Reibungszahl, die annähernd gleich 1 ist, sind diese Spannungen größer als diejenigen, die ohne passiven Druck ermittelt sind. Das bedeutet, daß in diesem Bereich

eine Nachrechnung mit den geänderten Tangentialkräften vorgenommen
werden muß, so daß sich auch für große μ Werte ergeben, die sich
denjenigen der nicht erweiterten Spannungen nähern. Es ergibt sich
damit eine Angleichung an das Spannungsbild für Belastungsfall II,
das in Abb. 38 mit den gleichen Annahmen dargestellt ist. Aus der
Belastung

$$p_u = p^*$$

$$p_u = \frac{4 \mu p^*}{\pi} \sum_{0,1,2\ldots} \frac{\sin (2 + 4 n)\, \varphi}{1 + 2 n}$$

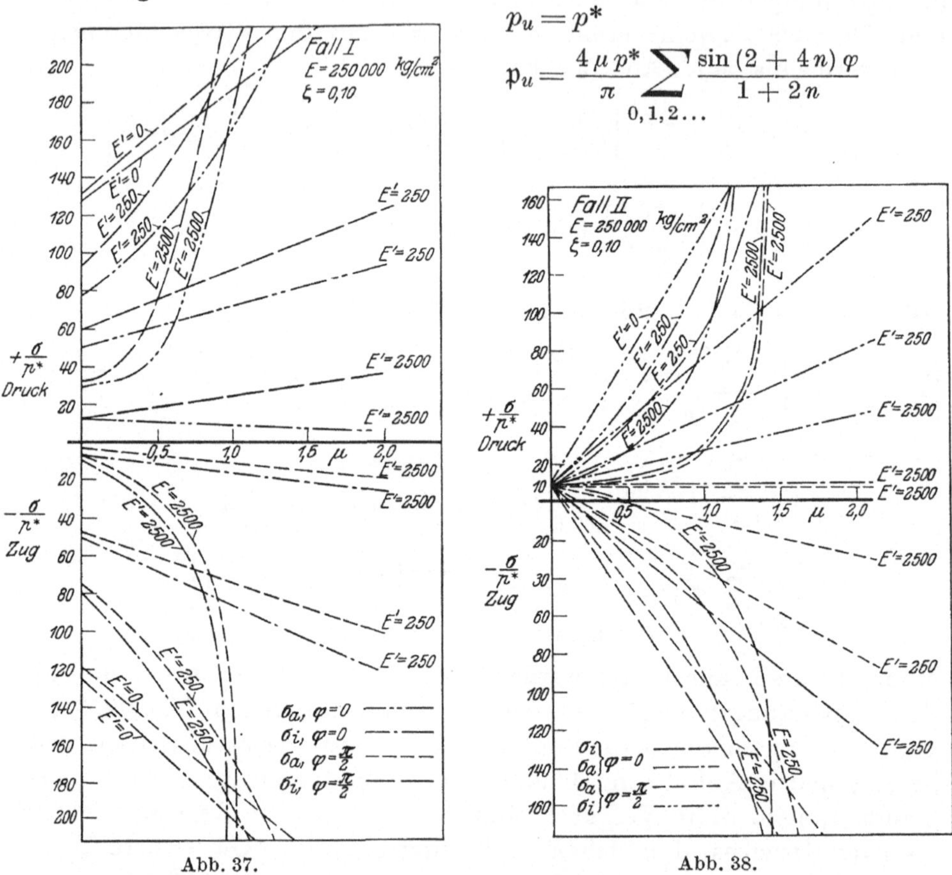

Abb. 37.   Abb. 38.

Die bezogenen Spannungen $\dfrac{\sigma}{p^*}$ für verschiedenen E' des Gebirges in Abhängigkeit von der
Reibungsziffer (gerade Linien: nicht erweiterte Spannungen, Kurven: erweiterte Spannungen).

ergibt sich als Zusatzbelastung

$$p_z = -\frac{4 \mu p^*}{\pi} \sum_{0,1,2\ldots} \frac{\cos (2 + 4 n)\, \varphi}{\dfrac{E}{E'} \cdot \dfrac{\zeta^3}{6} [(2 + 4 n)^2 - 1]^2 + (2 + 4 n)}$$

Der Erweiterungsfaktor beträgt für $\dfrac{E}{E'}\, \zeta^3 = 100$ $\dfrac{p^*}{p^* + p_z} = \dfrac{1}{1 - 0{,}40\,\mu}$

für $\dfrac{E}{E'}\, \zeta^3 = 0{,}01$ $\dfrac{p^*}{p^* + p_z} = \dfrac{1}{1 - 0{,}66\,\mu}$

Die nicht erweiterten Spannungen tangieren die Kurven für die erweiterten Spannungen. Bei großem μ macht sich auch hier eine Nachrechnung erforderlich, die zu kleineren Randspannungen führt. Bemerkenswert ist im vorliegenden Beispiel, daß die äußere Randspannung für $\frac{\pi}{2}$ bei dem kleinen Wert $E' = 2500\ \text{kg/cm}^2$ im ganzen Bereich eine Druckspannung ist.

In ähnlicher Weise wie im vorliegenden Fall können für alle Wandstärken eines Ausbaues die Bilder für die ungünstigsten Randspannungen in Abhängigkeit von der Reibungszahl festgelegt werden.

III. Gesichtspunkte für die Bemessung eines Ausbaues.

Während für Tunnelbauten mit geringer Überlagerung der angreifende Gebirgsdruck mit Hilfe der klassischen Erddrucktheorie verhältnismäßig sicher erfaßt werden kann und sich der Kraftausgleich bei größeren Teufen im standfesten Gebirge selbst vollzieht, ergaben sich die Ausbaubelastungen in einem Gebirge, dessen Festigkeit bei Auffahren eines Hohlraumes überschritten wird, lediglich aus Erfahrungen. Ein Zusammenhang zwischen Gebirgsbeschaffenheit, Gebirgsdruck und Teufe war nicht festgestellt worden. Die Arbeit versucht zur Abschätzung der erforderlichen Ausbaudimensionen beizutragen. Sie beweist, daß der zu wählende Ausbau hauptsächlich von der Größenordnung des zu erwartenden Druckes, d. h. von den Eigenschaften des Gebirges abhängt, die sich aus geologischer Formation und Lagerung ergeben. Die Druckverteilung kann bei gleicher Gebirgsbeschaffenheit von sekundären Erscheinungen und damit von unberechenbaren Möglichkeiten abhängen, so daß es aussichtslos erscheint, den Verlauf der Kräfte am Kreisumfang zu ermitteln. Aus diesem Grunde müssen die ungünstigsten Belastungsfälle zur Bestimmung der Biegungsbeanspruchung herausgegriffen werden, wobei die Veränderung der Belastungsfunktion durch passiven Druck berücksichtigt werden kann. Allerdings schließt dieses Bemessungsverfahren die beste Baustoffausnützung an den Stellen aus, für die die ungünstigste Lastverteilung ihre Bedeutung verliert. Wird die Bruchspannung des Baustoffes als zulässige Spannung gewählt, so wirkt sich die Unwirtschaftlichkeit nur in einer Erhöhung der Sicherheit aus, welche bei der üblichen Querschnittsbemessung mit Rücksicht auf selten vorkommende ungünstigere Belastungen höher als einfach gewählt wird. Bei dieser Behandlung werden auch bei schärfster Erfassung der maßgebenden Lastordinate p^* an den gefährdeten Stellen infolge der von der Herstellung abhängigen Fehler Risse auftreten. Sie werden bei den Ausbauten des Bergbaues in Kauf genommen und beweisen die Wirtschaftlichkeit der Konstruktion. Bei größerer Häufigkeit überbeanspruchter Ausbauringe sind die Konstruktionsstärken zu vergrößern.

Die Richtigkeit dieser Überlegungen geht aus den Erfahrungen der Zechen hervor, nach denen je nach Teufe und Formation jeweils ein nach System Baustoff und Dimension bestimmter Ausbau den wirtschaftlichen Erfolg verbürgt. In Sonderfällen, z. B. in Sprüngen, können selbstverständlich stärkere Ausbauten erforderlich werden. Sie ergeben sich dann aber durch die stark veränderten Gebirgseigenschaften.

Für die Spannungsermittlung im kreisringförmigen Ausbau liefert die Darstellung der Belastung durch Fourierreihen befriedigende Ergebnisse. Momente, Normalkräfte, Querkräfte und Durchbiegungen sind innerhalb der einzelnen Glieder den Gliedern der Belastungsfunktion aus radialer, tangentialer und einer Belastung durch Streckenmomente proportional. Mit den Beziehungen (9) bis (22) können die statischen Größen ohne Rechnung angeschrieben werden. Die Vernachlässigung des Einflusses der Längskräfte auf die Verformungen ist auch bei den Quetschholzausbauten mit großer Umfangsänderung berechtigt, da die Rechnungen sich auf den endgültigen Zustand nach Zusammendrückung der Quetschhölzer beziehen. Die Fourierreihen gestatten außerdem eine einfache Untersuchung des Einflusses des passiven Gebirgsdruckes.

Um die Unsicherheit der Lastverteilung für die Leistungsfähigkeit eines Ausbaues beurteilen zu können, wurden die ungünstigsten Lastfälle bei gegebenem p^*, der größten Ordinate der radialen Belastung, aufgesucht. Hierbei wurden die Tangentialkräfte als Reibungskräfte in Abhängigkeit zu den Radialkräften gebracht, da ihr Auftreten von dem Reibungswiderstand an der äußeren Leibung abhängt. Momentenbelastungen entstehen durch die Exzentrizität der Tangentialkräfte. Die Tangentialkräfte vergrößern die Spannungen, so daß bei großen Reibungszahlen nicht ungleichmäßige Radialbelastung, sondern radiale Vollbelastung am ungünstigsten ist. Die Momentenbelastungen vermögen nur bei großen Konstruktionsstärken ihren die Spannung verringernden Einfluß in nennenswerter Weise zur Geltung zu bringen.

Die Berücksichtigung des passiven Gebirgsdruckes ergab je nach dem Verhältnis der Elastizitätszahlen von Gebirge und Baustoff einen Ausgleich der Spannungen, so daß im idealen Grenzfall reine Druckspannung vorhanden ist.

Nach den angestellten Überlegungen ergibt sich, daß bei einem gegebenen p^* der Radialbelastung dem Reibungsbeiwert eine ausschlaggebende Rolle zukommt. Die Forderung nach Wirtschaftlichkeit verlangt kleine Konstruktionsstärken, da diese nicht nur die Kosten des Ausbaues, sondern auch die des Auffahrens verringern. Dies wird mit einer kleinen Reibungszahl erreicht. Die vollständige Übertragung der im Gebirge wirkenden Schubkräfte auf den Ausbau wird verhindert, so daß die Spannungen auch ohne passiven Druck geringer werden. Eine Herabsetzung der Reibungszahl wird nicht bei Konstruktionen erreicht werden, die satt am Gebirge anschließen und bei denen ein Gleiten an der äußeren Leibung des Ausbaues durch die unregelmäßige Begrenzung verhindert wird. In diesem Falle ist die Schubfestigkeit des angrenzenden Gebirges für die Übertragung der Tangentialkräfte auf den Ausbau maßgebend. Konstruktionen aus fertig verlegten Werkstücken weisen regelmäßige Flächen auf. Die hierfür in Betracht kommende Reibungszahl läßt sich verhältnismäßig zuverlässig angeben. Sie kann niedrig gehalten werden, so daß der Einfluß der Tangentialkräfte beschränkt wird.

Geringe Konstruktionsstärken, d. h. kleine Trägheitsmomente haben den Vorteil, daß der passive Gebirgsdruck schon bei einem kleinen E' die Spannungen begrenzt. Es sind daher dünne Konstruktionen aus hochwertigem Baustoff am vorteilhaftesten, solange nicht die Knickfestigkeit maßgebend wird. Diese kann nach A. Föppl[1] nachgewiesen werden, kommt jedoch für Massivkonstruktionen selten in Frage.

Eine große Bedeutung für den Bestand einer Konstruktion ist dem Versatz beizumessen. Der Versatz soll dicht gelagert sein, so daß ihm ein möglichst großes E' entspricht. Gleichzeitig soll die Versatzzone nur geringe Schubspannungen übertragen können. Bei der Beurteilung von E' muß berücksichtigt werden, daß nach dem Ausbauen einer Strecke das Gebirge noch immer die Tendenz zur Volumenvergrößerung hat und die physikalischen Eigenschaften der Versatzzone ändern kann.

Die Nachrechnung eines Streckenausbaues zeigt, mit welchen Größen man für p^* und E' zu rechnen hat. Der Ausbau sei ein Eisenbetonausbau mit einer Stärke von 0,30 m bei $r = 2,00$ m. Mithin $\zeta = 0,15$. Die Elastizitätszahl des Eisenbetons sei 250000 kg/cm², die Druckfestigkeit 300 kg/cm². Die Zugfestigkeit bestimmt sich nach den Eiseneinlagen. Wird die Dehnung des Eisens bei 2400 kg/cm² eben noch als zulässig erachtet, ohne daß Gefahr für den Bestand des Kreisringes besteht, so entsprechen die Eisenspannungen für eine beiderseitige Bewehrung des Querschnittes von je 0,55 vom Hundert einer Randzugspannung des homogenen Querschnittes von 62 kg/cm². Die Reibungszahl sei 0,3.

Ohne Mitwirkung des passiven Gebirgsdruckes ergibt die Belastung nach I die größten Randspannungen. Sie finden sich bei $\varphi = \dfrac{\pi}{2}$ und betragen nach Tabelle 3: $\dfrac{\sigma_i}{p^*} = + 69,66$ und $\dfrac{\sigma_a}{p^*} = - 62,47$.

---

[1] Föppl, A.: Vorlesungen aus der techn. Mech.

Die Zugspannung ist für die aufnehmbaren Lasten maßgebend. Daher kann der Ausbau seinen Zweck erfüllen, wenn $\sigma_a \geqq -62\,\text{kg/cm}^2$ wird. Er kann mithin mit Sicherheit nur einem Gebirgsdruck widerstehen, dessen größte Radialbelastungsordinate

$$p^* = \frac{-62,00}{-62,47} \eqsim 1\,\text{kg/cm}^2 = 10\,\text{t/m}^2$$

beträgt. Der passive Gebirgsdruck ermöglicht den Kräfteausgleich bei größerer Intensität der Belastung. Bei der Reibungszahl von 0,3 gibt auch hier die Belastung nach I die ungünstigsten Spannungswerte. Nach IIf ergeben sich für verschiedene E' Spannungsabminderungen, so daß folgende Beträge für die Größtwerte bei $\varphi = \dfrac{\pi}{2}$ erhalten werden.

$\varphi = 0$	$E' = 843,75$	$E' = 8437,50$	kg/cm²
$\dfrac{\sigma_a}{p^*} =$	$-17,57$	$-1,44$	
$\dfrac{\sigma_i}{p^*} =$	$+40,68$	$+10,89$	

Diese Spannungen sind proportional zu erhöhen, so daß bei $\varphi = 0$ die Ordinate p^* erhalten bleibt. Daher werden

$\varphi = 0$	$E' = 843,75$	$E' = 8437,50$	kg/cm²
$\dfrac{\sigma_a}{p^*} =$	$-30,20$	$-4,27$	
$\dfrac{\sigma_i}{p^*} =$	$+70,00$	$+32,30$	

die ungünstigsten spezifischen Randspannungen. Sie können durch eine Nachrechnung mit den neuen sich aus der Zusatzbelastung und der Ursprungsbelastung ergebenden Tangentialkräften noch vermindert werden. Wird die Rechnung für mehrere Werte E' durchgeführt, so läßt sich ihre gesetzmäßige Abhängigkeit von E' darstellen. Mit der Festlegung der Bruchfestigkeit des Werkstoffes für Druck und Zug ist damit eine Beziehung zwischen p^* und E' geschaffen. Für ein gegebenes E' beträgt dann die aufnehmbare Belastung, die durch p^* charakterisiert wird

$$p^* = \frac{\sigma_{\text{Bruch}}}{\dfrac{\sigma_{\text{max}}}{p^*}}$$

Für ein variables E' ergeben sich nach Abb. 39 zwei Kurven. Die eine stellt das mögliche p^* bei gegebener zulässiger Druckspannung, die andere bei gegebener zulässiger Zugspannung dar. Hieraus geht hervor, daß bei großen Elastizitätsmodulen des Gebirges für den Bestand des

Ausbaues nicht mehr die Zugspannung, sondern die Druckspannung maßgebend wird. Ist der Wert p^* aus Messungen bekannt, so kann, wenn sich ein bestehender Ausbau bewährt hat, E' bestimmt werden.

Wird der beschriebene Ausbau als labiler Ausbau mit Quetschhölzern nach Abb. 15 ausgeführt, so können in den Quetschfugen keine Zugspannungen aufgenommen werden. Der Ausbau ist ohne passiven Druck nicht stabil. Dieser entwickelt sich entsprechend den größeren Ausbiegungen an den Gelenkstellen stärker als beim geschlossenen elastischen Kreisring. Sofern im endgültigen Zustand kein Klaffen der Fugen auftritt, kann der Ausbau als geschlossener Kreisring angesehen werden, für den die Druckfestigkeit des Baustoffes maßgebend wird.

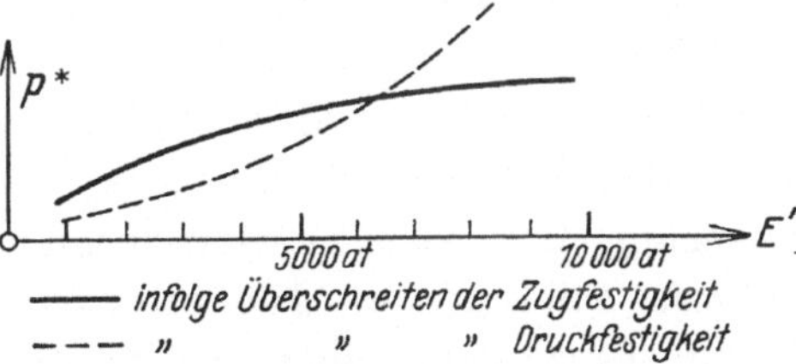

——— infolge Überschreiten der Zugfestigkeit
– – –   „   „   „   Druckfestigkeit

Abb. 39. Abhängigkeit der aufnehmbaren Belastung p^* von der Elastizitätsziffer des Gebirges.

Die zusammengedrückten Quetschhölzer bilden nur noch das druckübertragende Mittel zwischen zwei Segmenten. Ein seit Jahren verwendeter Ausbau dieser Art hat sich gut bewährt. Seine Leistungsfähigkeit ist durch die Druckkurve der Beziehungen zwischen p^* und E' nach Abb. 39 bestimmt.

Es ist anzunehmen, daß bei der zunehmenden Bedeutung der Wirtschaftlichkeit von Streckenausbauten Messungen des Gebirgsdruckes vorgenommen werden. Am einfachsten ist die Messung von p^*, während E' mit Rücksicht auf die Versatzzone kaum zu erfassen ist. Sobald eine dieser Größen festliegt, können die Erfahrungen, die an bestehenden Ausbauten gewonnen werden, auch zahlenmäßig weiter verwendet werden.

Solange keine Werte für p^* und E' vorliegen, ist man auf rohe Schätzungen angewiesen entsprechend den früheren Ausführungen.

1. Kompaktes Gebirge.

Nachdem m, k_z und k_d festgesetzt sind, werden p_v und p_h ermittelt. Wird im Scheitel die Tangentialspannung kleiner als die Zugfestigkeit des Materials, so vollzieht sich der Spannungsausgleich im Gebirge. Von Ausbauten im eigentlichen Sinn kann nicht gesprochen werden. Wird die Zugspannung im Scheitel überschritten, so ist die Druckfestigkeit des Gesteins an den Stößen für die weitere Beurteilung maßgebend. Unterschreitet die Tangentialspannung hier die Druckfestigkeit, so hat ein Ausbau nur die lockeren Massen über der Firste zu tragen. Wird die Druckfestigkeit überschritten, so geht das Gebirge entweder zu Bruch oder es geht in bindiges Material über. Bei sprödem Gebirge wird die Ordinate p' am Rand der Ausgleichszone an der Stelle, wo

$\sigma_r - \sigma_t = k_d$ ist, abgeschätzt. Die Abminderung von p' auf p^* in der Ausgleichszone errechnet sich mit $2 < m < 3$, wobei die Stärke der Ausgleichszone nicht bekannt ist und geschätzt werden muß. Sie hängt vom zeitlichen Verlauf des Spannungsausgleiches im Gebirge ab.

2. Plastisches Gebirge.

In genügender Entfernung vom Störungszentrum herrschen wieder die Spannungen p_v und p_h. Der Wert p^* wird nach K. Terzaghi[1] berechnet. An Materialkonstanten sind erforderlich der Grenzwert der Ziffer des passiven Eindruckes, die Verdichtungsziffern für Drucksteigerung und Druckverminderung, die Porenziffer, die Plastizitäts- und die Fließgrenze. Die erforderliche Nachgiebigkeit des Ausbaues bis zur Erreichung einer bestimmten Pressung am Innenrand des Gebirges kann bestimmt werden.

Der exakten Lösung der gestellten Aufgaben stehen noch große Hindernisse im Wege. Sie ergeben sich insbesondere aus den physikalischen Vorgängen bei hohen Drücken im Gestein und aus dem zeitlichen Verlauf des Spannungsausgleichs, welcher die maßgebende Belastungsordinate bestimmt. Sobald die rege Forschungsarbeit auf diesem Gebiete eine weitere Erkenntnis zur sicheren Beurteilung von p^* vermittelt oder Werte aus Messungen zur Verfügung stehen, wird der Bemessung der Ausbauten nach ungünstigsten Lastfällen im Sinne vorliegender Arbeit erhöhte Bedeutung zukommen.

---

[1] Terzaghi, K.: Erdbaumechanik auf bodenphysikalischer Grundlage, Leipzig u. Wien **1925**, 215 ff.

Bergbaumechanik. Lehrbuch für bergmännische Lehranstalten, Handbuch für den praktischen Bergbau. Von Dipl.-Ing. **J. Maercks,** Bergschule Bochum. Mit 455 Textabbildungen. IX, 451 Seiten. 1930.
RM 19.50; gebunden RM 21.—

Lehrbuch der Bergbaukunde mit besonderer Berücksichtigung des Steinkohlenbergbaues. Von Prof. Dr.-Ing. e. h. **F. Heise,** Bochum und Prof. Dr.-Ing. e. h. **F. Herbst,** Essen. In 2 Bänden.

Erster Band: Gebirgs- und Lagerstättenlehre. Das Aufsuchen der Lagerstätten (Schürf- und Bohrarbeiten). Gewinnungsarbeiten. Die Grubenbaue. Grubenbewetterung. Sechste, verbesserte Auflage. Mit 682 Abbildungen im Text und einer farbigen Tafel. XXI, 716 Seiten. 1930.. Gebunden RM 22.50

Zweiter Band: Grubenausbau. Schachtabteufen. Förderung. Wasserhaltung. Grubenbrände, Atmungs- und Rettungsgeräte. Dritte und vierte verbesserte und vermehrte Auflage. Mit 695 Abbildungen. XVI, 662 Seiten. 1923. Gebunden RM 11.—

Grundzüge der Bergbaukunde einschließlich Aufbereiten und Brikettieren. Von Dr.-Ing. e. h. **Emil Treptow,** Geheimer Bergrat, Professor i. R. der Bergbaukunde an der Bergakademie Freiberg, Sachsen. Sechste, vermehrte und vollständig umgearbeitete Auflage.

I. Band: Bergbaukunde. Mit 871 in den Text gedruckten Abbildungen. X, 636 Seiten. 1925. Gebunden RM 18.—

II. Band: Aufbereitung und Brikettieren. Mit 324 in den Text gedruckten Abbildungen und XI Tafeln. X, 338 Seiten. 1925.
Gebunden RM 21.—

Ingenieurgeologie. Herausgegeben von Dr. K. A. Redlich, o. ö. Professor der Deutschen Technischen Hochschule Prag, Dr. K. v. Terzaghi, o. ö. Professor des Institute of Technology, Cambridge, Mass., U. S. A., und Dr. R. Kampe, Direktor des Quellenamtes Karlsbad, Privatdozent der Deutschen Technischen Hochschule Prag. Mit Beiträgen von Dir. Dr. H. Apfelbeck, Falkenau, Ing. H. E. Gruner, Basel, Dr. H. Hlauscheck, Prag, Privatdozent Dr. K. Kühn, Prag, Privatdozent Dr. K. Preclik, Prag, Privatdozent Dr. L. Rüger, Heidelberg, Dr. K. Scharrer, Weihenstephan-München, o. ö. Professor Dr. A. Schoklitsch, Brünn. Mit 417 Abbildungen im Text. X, 708 Seiten. 1929. Gebunden RM 57.—

Die Bodenbewegungen im Kohlenrevier und deren Einfluß auf die Tagesoberfläche. Von Ing. A. H. Goldreich. Mit 201 Figuren im Text. VIII, 308 Seiten. 1926.
RM 22.50; gebunden RM 24.—

Die Theorie der Bodensenkungen in Kohlengebieten mit besonderer Berücksichtigung der Eisenbahnsenkungen des Ostrau-Karwiner Steinkohlenrevieres. Von Ing. A. H. Goldreich. Mit 132 Textfiguren. IX, 260 Seiten. 1913. RM 10.—